Das Internet des Geldes

Andreas M. Antonopoulos

Das Internet des Geldes

Eine Sammlung der Vorträge von Andreas M. Antonopoulos

https://TheInternetOfMoney.org/

Der Bitcoin-Community gewidmet.

Haftungsausschluss:

Dieses Buch besteht aus herausgegebenen Meinungen und Kommentaren. Viele Inhalte basieren auf persönlichen Erfahrungen und Anekdoten. Das Ziel ist sorgfältige Überlegungen über Ideen zu fördern, die philosophische Debatte anzukurbeln und weitere unabhängige Forschung zu inspirieren. Es ist kein Aufruf zu investieren; benutzen Sie es nicht als Basis für Entscheidungen hinsichtlich Ihrer Geldanlage. Es gibt keine rechtlichen Ratschläge; suchen Sie eine Anwaltskanzlei in Ihrem Land mit Ihren rechtlichen Fragen auf. Trotz unseres besten Einsatzes kann das Buch Fehler und Auslassungen enthalten. Andreas M. Antonopoulos, Merkle Bloom LLC, die Menschen in der Redaktion, dem Lektorat, bei der Niederschrift und beim Design übernehmen keine Verantwortung für Fehler oder Auslassungen. Die Dinge ändern sich in der Bitcoin und Blockchain Industrie sehr schnell; nutzen Sie dieses Buch als eine Referenz, aber nicht als die einzige.

Bezüge auf patentierte oder markengeschützte Arbeiten dienen nur der Kritik oder dem Kommentar. Alle geschützten Begriffe sind Eigentum ihrer jeweiligen Besitzer. Referenzen zu Individuen, Unternehmen, Produkten und Services dienen nur der Darstellung und sind nicht als Unterstützung gedacht.

Lizensierung:

Vorträge von Andreas M. Antonopoulos
https://antonopoulos.com/
@aantonop

Design der Abdeckung
Kathrine Smith: http://kathrinevsmith.com/

Transkription und Redaktion
S.H. El Hariry, M.K. Lords, Pamela Morgan, Maria Scothorn, Sarah Zolt-Gilburne

Lektorat
Brooke Mallers, Ph.D.: @bitcoinmom

Deutsche Übersetzung
Niklas Meisinger: https://hodlshop.org/ @ShopHodl

Deutsches Lektorat
Anita Posch: https://anitaposch.com/ @anitaposch

Erster Ausgabe: **1. Juni 2019**
Zweiter Druck: **10. Juni 2019**

Einsendung von Fehlern: errata@merklebloom.com
Lizenzanträge: licensing@merklebloom.com
Allgemeines: info@merklebloom.com

ISBN: 978-1-947910-15-7

Inhaltsverzeichnis

Meinungen zu "Das Internet des Geldes"

Ich habe mich immer gefragt, was passiert wäre, wenn wir von Anfang an Ein-Klick-Zahlungen in den Browser eingebaut hätten. Mit Bitcoin bekommen wir endlich dieses Internet des Geldes. *Aber dieses Buch ist nicht nur eine Ode an Bitcoin — es ist eine Ode an offene Protokolle, an das was passiert, wenn man Menschen online vernetzt und an die Kraft der Innovation im Internet.*

— Marc Andreessen, Co-Gründer von Netscape und Andreessen Horowitz

Mit "Mastering Bitcoin" hat Andreas M. Antonopoulos eines der besten technischen Bücher über digitale Währungen geschrieben. Mit "Das Internet des Geldes" ist ihm das Kunststück gelungen, seine Vorträge in einem der besten Bücher über Bitcoin für ein breites Publikum zu bündeln. Sehr empfehlenswert!

— Balaji Srinavasan, Gesellschafterrat bei Andreessen Horowitz

In den letzten drei Jahren ist das Bewusstsein für das weitreichende, transformative Potenzial von Bitcoin und der zugrunde liegenden Blockchain-Technologie exponentiell gewachsen. Dazu war es notwendig, dass die Menschen sowohl begriffen wie diese unorthodoxe Technologie funktioniert als auch das tiefergehende Versprechen an die Gesellschaft sahen. Niemand hat mehr als Andreas Antonopoulos dafür getan, dass sie diese Hürde überwinden. Lesen Sie sein Buch. Es wird Sie weiser machen.

— Michael J. Casey, Co-Autor *Cryptocurrency: Bitcoin und Ethereum. Wie virtuelles Geld unsere Gesellschaft verändert*

Vorwort

Von Andreas M. Antonopoulos

Als meine Reise in Bitcoin begann, hätte ich nie gedacht, dass sie hierher führen würde. Dieses Buch ist wie eine gekürzte Ausgabe eines Tagebuchs meiner Bitcoin-Entdeckungen, die ich in einer Reihe von Vorträgen zwischen 2013 und Anfang 2016 wiedergegeben habe.

In den letzten drei Jahren habe ich mehr als 150 Vorträge vor Publikum auf der ganzen Welt gehalten, über 200 Podcast Episoden aufgenommen, mehrere hundert Fragen beantwortet, an mehr als 150 Interviews für Printmedien, Radio und Fernsehen teilgenommen, bin in acht Dokumentationen vorgekommen und habe ein technisches Buch namens *Mastering Bitcoin* verfasst.

Fast alle dieser Arbeiten sind unter Open-Source-Lizenzen, online und kostenfrei verfügbar. Die Vorträge in diesem Buch sind nur ein kleiner Auszug meiner Arbeit. Sie wurden vom redaktionellen Team ausgesucht, um einen Einblick in Bitcoin, seine Anwendungsmöglichkeiten und zukünftigen Auswirkungen zu geben.

Jeder dieser Vorträge wurde live, ohne jede visuelle Präsentation und großteils improvisiert, gehalten. Ich habe zwar vor jedem Auftritt ein Thema im Kopf, aber die Inspirationen kommen dann von der Energie und der Interaktion mit dem Publikum. Bei jedem Vortrag habe ich neue Ideen, weshalb sich die Themen aufgrund der Reaktion des Publikums laufend weiterentwickeln. Manche Idee startet mit einem einzelnen Satz und entwickelt sich im Laufe mehrerer Vorträge zu einem kompletten Thema.

Dieser Entstehungsprozess ist natürlich nicht fehlerfrei. Meine Vorträge sind übersät mit kleinen sachlichen Fehlern. Ich zitiere Termine, Veranstaltungen, Zahlen und technische Details aus dem Gedächtnis, daher sind sie öfter falsch. Das Redaktionsteam des Buches hat meine Stegreif-Fehler, sprachlichen Ticks und Wortverwechslungen ausgebessert. Das, was sie lesen, ist der Kern jeder Präsentation — wie ich mir gewünscht hätte, dass sie gehalten worden wäre — und nicht ein Transkript der wirklichen Präsentation. Mit dieser Bereinigung sind leider auch die Reaktionen und Energie des Publikums, der Tonfall meiner Worte, die spontanen Lacher des Publikums und von mir verloren gegangen. Um das zu erleben, sehen Sie sich die Videos an, die Sie im Teil Anhang A, *Video Links* des Buches finden.

Bei diesem Buch und meiner bisher drei Jahre langen Arbeit geht es um mehr als Bitcoin. Diese Vorträge reflektieren meine Weltsicht, meine politischen Ideen und Hoffnungen, meine technische Faszination und meine ausgeprägte "Geekiness".

Sie fassen meinen Enthusiasmus über diese Technologie mit der überwältigenden Zukunft, die ich erwarte, zusammen. Diese Vision startet bei Bitcoin, einem verschrobenen Cypherpunk Experiment, das eine Woge von Innovationen entfesselt, das "Internet des Geldes" geschaffen und dabei die Gesellschaft radikal verändert hat.

Anmerkungen der Redakteurinnen

Fast die gesamte Bitcoin-Community weiß um die Bedeutung von Andreas' Leistungen um Bitcoin. Über seine gesprochenen und geschriebenen Werke hinaus ist er ein sehr gefragter öffentlicher Redner, der für seine konstant innovativen, Denkanstöße gebenden und engagierten Vorträge hoch gelobt wird. Dieses Buch zeigt nur einen kleinen Ausschnitt seiner Arbeit in der Bitcoin und Blockchain Industrie in den letzten drei Jahren. Bei sovielen Inhalten war allein die Entscheidung, welche Vorträge in das Buch aufgenommen werden, eine schwierige Aufgabe. Wir haben jene Vorträge ausgewählt, die den Kriterien des Buches am besten entsprechen. Wir hätten leicht noch Dutzende mehr verwenden können. Dieses Buch ist Band Eins der "Das Internet des Geldes" Serie; wir hoffen bald einen weiteren Band veröffentlichen zu können.

Zu Beginn dieses Buches stand eine Vision: wir wollten eine einfach zu lesende, kurzgeschichten-ähnliche Übersicht geben, warum Bitcoin wichtig ist und so viele von uns so begeistert davon sind. Wir wollten etwas, das wir mit Familie, Freunden und Kolleginnen teilen konnten, das sie vielleicht wirklich lesen würden: ein Kompendium, das sie für fünf Minuten zur Hand nehmen können, ohne Verpflichtungen und ohne großen Aufwand. Es musste gewinnend geschrieben und mit Beispielen aus dem Alltagsleben versehen sein, um die Technologie verständlich zu machen. Das Buch sollte inspirieren und die Vision zeigen, wie dies alles die Menschheit positiv verändern kann. Es musste offen die Unzulänglichkeiten der bestehenden Systeme und der Technologie selbst ansprechen.

Trotz unserer besten Vorsätze sind wir uns im Klaren, dass es Dinge gibt, die wir verbessern und ändern könnten. Wir haben an manchen Stellen für eine bessere Lesbarkeit sehr viel editiert und gleichzeitig versucht das Wesen des Vortrages beizubehalten. Wir glauben, dass wir eine gute Balance gefunden haben und sind im Ganzen mit dem Buch zufrieden. Wir hoffen, Sie auch. Wenn Sie Feedback geben wollen zu redaktionellen Fragen, zum Inhalt oder Vorschläge zur Verbesserung des Buches haben, dann schreiben Sie uns bitte eine E-Mail an errata@merklebloom.com.

Tipps, um Ihr Leseerlebnis zu verbessern:

Jeder Vortrag ist als alleinstehendes Kapitel gedacht. Sie müssen nicht am Anfang des Buches beginnen. Sollten Sie noch sehr wenig über Bitcoin wissen, ist es ratsam beim ersten Vortrag "Was ist Bitcoin" zu beginnen, um einen Überblick zu bekommen. Sie werden einige sich wiederholende Themen und Analogien bemerken, wie den 'Red-Flag-Act' oder das Eltern-Kind-Gespräch über Geld. Während sich die Beispiele gelegentlich wiederholen, so werden sie meist verwendet, um unterschiedliche Standpunkte in jedem Vortrag zu veranschaulichen.

Sie finden ein ausführliches Stichwortverzeichnis am Ende des Buches. Eines der Dinge über die wir uns am meisten freuen, ist das Stichwortverzeichnis. Wir haben uns sehr bemüht ein Stichwortverzeichnis zu schaffen, das Querverweise und das schnelle Auffinden von Forschungsthemen und Fragestellungen ermöglicht.

Was ist Bitcoin?

Disrupt, Start-up, Scale-up; Athen, Griechenland; November 2013

Video-Link: https://www.youtube.com/watch?v=LA9A1RyXv9s

Anmerkung: Dieser Vortrag wurde Ende 2013 gehalten. Bitcoin-Transaktionen sind nicht länger kostenfrei, aber die Gebühren sind minimal. Derzeit liegen die Transaktionsgebühren ungefähr bei 10 Cent pro Transaktion, unabhängig vom Geldwert der Transaktion.

Guten Tag, Athen! Danke für die Einladung. Sie wollen *Disruption*? Ich zeige Ihnen Disruption. Ich präsentiere Ihnen eine regelrechte Revolution. Heute werden wir über die spannendste, interessanteste und wahrscheinlich bedeutendste, technologische Erfindung in der Informatik der letzten zwanzig Jahre reden. Ich bin hier, um über Bitcoin zu sprechen.

Bitcoin ist digitales Geld, aber es ist so viel mehr als das. Zu sagen, Bitcoin ist digitales Geld, ist wie zu sagen, das Internet sei ein modernes Telefon. Es ist wie zu sagen, dass es beim Internet nur um E-Mail geht. Geld ist nur die erste Anwendung. Bitcoin ist eine Technologie, es ist eine Währung und es ist ein internationales Netzwerk für Zahlungen und Austausch, vollständig dezentral. Es ist nicht auf Banken angewiesen. Es ist nicht auf Regierungen angewiesen.

> *"Zu sagen, Bitcoin ist digitales Geld, ist wie zu sagen, das Internet sei ein modernes Telefon."*

Das gab es in der Geschichte der Menschheit noch nie. Diese Erfindung ist wirklich revolutionär. Wenn wir zurückblicken, werden wir erkennen, dass dies ein historischer Moment in der Evolution der Informatik ist, aber es ist auch der Beginn einer sozialen und politischen Revolution. Also lassen Sie uns anfangen.

Die Erfindung Bitcoin

Bitcoin ist digitales Geld. Es ist genauso Geld wie der Euro oder der Dollar, mit dem Unterschied, dass es nicht von einer Regierung kontrolliert wird. Man kann es von einem beliebigen Ort auf der Erde zu jedem anderen beliebigen Ort auf der Erde verschicken, sofort, sicher und zu minimalen oder überhaupt keinen Transaktionsgebühren. Vor zwei Tagen sahen wir eine der größten Transaktionen, die jemals im Bitcoin-Netzwerk getätigt wurde, in der jemand 150 Millionen US-

Dollar zwischen zwei Bitcoin-Adressen transferiert hat, innerhalb einer Sekunde, ohne Transaktionsgebühren. Allein das, erlaubt uns zu begreifen, wie disruptiv diese Technologie im Hinblick auf internationale Zahlungssysteme sein wird. Aber das ist erst der Anfang.

Bitcoin ist eine digitale Währung, die 2008 in das Licht der Öffentlichkeit trat, als Erfindung einer Person namens Satoshi Nakamoto. Nakamoto veröffentlichte ein Schreiben, in dem stand, dass ein Weg gefunden wurde ein dezentrales Netzwerk zu schaffen, das ohne eine zentrale Kontrollinstanz, Konsens und Einigung erzielen konnte. Nun, wenn Sie Informatik oder verteilte Systeme studiert haben, kennen Sie dieses Problem unter dem Begriff *Problem der byzantinischen Generäle.* Zum ersten Mal beschrieben wurde dies 1982. Bis 2008 war es ein ungelöstes Problem. Dann sagte Satoshi Nakamoto: "Ich habe es gelöst." Was glauben Sie, ist als Nächstes passiert? Alle lachten, ignorierten es und lehnten es ab. Drei Monate nach der Veröffentlichung des Schreibens wurde die Software veröffentlicht und Menschen begannen das Bitcoin-Netzwerk aufzubauen.

Bitcoin ist kein Unternehmen. Es ist keine Organisation. Es ist ein Standard, ein Protokoll wie TCP/IP oder das Internet. Es gehört niemandem. Es folgt einfachen mathematischen Regeln, denen alle am Netzwerk Teilnehmenden zustimmen. Durch diesen einfachen Mechanismus, durch diese Erfindung von Satoshi Nakamoto, ermöglicht Bitcoin einem komplett dezentralen Netzwerk von Computern sich zu einigen, welche Transaktionen in einem Netzwerk stattgefunden haben und letztgültig festzustellen, wer gerade das Geld besitzt.

Also, wenn ich, in diesem komplett dezentralen Peer-to-Peer-Netzwerk Geld von meiner Adresse auf eine andere Adresse sende, ist das genauso, wie eine E-Mail zu verschicken. Es gibt niemand dazwischen. Alle zehn Minuten einigt sich das gesamte Netzwerk, ohne zentrale Autorität, durch eine einfache elektronische Wahl darauf, welche Transaktionen stattgefunden haben.

Diese bestimmte Lösung, diese Erfindung, ist weit bedeutender als Währung. Währung ist nur die erste App - nur die erste Anwendung, die auf einem verteilten Konsenssystem gebaut werden kann. Andere Anwendungen sind zum Beispiel verteilte faire Abstimmungen, Aktienbesitz, Registrierung von Vermögenswerten, Beglaubigungen und viele andere Anwendungen, an die wir noch nie gedacht haben.

> *"Diese bestimmte Lösung, diese Erfindung, ist weit bedeutender als Währung. Währung ist nur die erste App."*

Ich entdeckte Bitcoin das erste Mal 2011. Seit dem Internet, fühlte ich mich nicht mehr so vollkommen überwältigt, von all den Möglichkeiten, die ich sah. Ich war 1991 bei der Entstehung des Internets dabei, als es noch vorkommerziell war. Ich erkannte, dass es die Welt verändern wird, aber niemand glaubte mir. Ich habe bei Bitcoin exakt das gleiche Gefühl.

Nun, einige von Ihnen haben vielleicht von Bitcoin gehört, als die Währung, die an einem Tag sehr hoch und am nächsten wieder sehr niedrig im Kurs steht. Ich bin hier, um Ihnen zu raten, den Preis zu ignorieren, Bitcoin das Geld zu ignorieren und stattdessen Bitcoin die Technologie, die Erfindung und das entstehende Netzwerk, zu verstehen. Wenn wir dieses Geld nicht hinbekommen, starten wir eine andere Währung. Die Erfindung von Bitcoin und die Technologie, die es ermöglicht, kann nicht ungeschehen gemacht werden. Es gibt jetzt Möglichkeiten für dezentrale Organisation in einer Größenordnung, die es auf diesem Planeten noch nie gegeben hat.

> *"Die Erfindung von Bitcoin und die Technologie, die es ermöglicht, kann nicht ungeschehen gemacht werden. Es gibt jetzt Möglichkeiten für dezentrale Organisation in einer Größenordnung, die es auf diesem Planeten noch nie gegeben hat."*

Das Geld der Menschen

Ich erzähle Ihnen, warum Bitcoin für mich wichtig ist.

Zurzeit haben geschätzt eine Milliarde Menschen Zugang zu Banken, Krediten und internationalen Finanzgeschäften – hauptsächlich die Oberschicht, die westlichen Nationen. Sechseinhalb Milliarden Menschen auf diesem Planeten haben keinen Zugang zu der Welt des Geldes. Sie agieren in Gesellschaften, die auf Bargeld basieren, mit sehr sporadischem Zugang zu internationalen Ressourcen. Sie brauchen keine Banken. Zwei Milliarden dieser Menschen sind bereits im Internet. Mit einem einfachen Download können sie sofort an einer internationalen Ökonomie teilnehmen, durch die Verwendung einer internationalen Währung, die von überall ohne Gebühren und ohne Kontrolle der Regierungen übertragen werden kann. Sie können sich mit einer internationalen Finanzwelt verbinden, die völlig Peer-to-Peer ist. Bitcoin ist das Geld der Menschen. Im Grunde sind es einfache mathematische Regeln, auf die sich alle einigen und die niemand kontrolliert. Die

Möglichkeit, diese sechseinhalb Milliarden Menschen mit dem Rest der Welt zu verbinden, ist wirklich revolutionär.

"Bitcoin ist das Geld der Menschen."

Zahlungsdienstleister werden davon betroffen sein. Diese riesigen Unternehmen verlangen hohe Gebühren, um Geld in ärmere Zielländer zu senden, das ist eine ausbeuterische und korrupte Situation. Diese Organisationen machen enorme Gewinne mit einer Funktion, die bei Bitcoin fast kostenlos durchgeführt werden kann. So wie das Sprichwort des gesamten Internets einst lautete: "Ich habe gerade ihre gesamte Branche durch einhundert Zeilen Python-Code ersetzt." Genau das machen wir mit Bitcoin.

Währungen, Unternehmen und internationale Zahlungen

Wie kann Bitcoin heute genutzt werden? Einfach gesagt, Bitcoin kann als Währung fungieren. Stellen Sie es sich vor, als ob Sie eine Fremdwährung kaufen: Sie melden sich bei einer Tauschbörse im Web an, senden ein paar Euro dorthin und nutzen diese Euro, um Bitcoin zum aktuellen Kurs zu kaufen. Doch das ist nicht wirklich der beste Weg. Wir sind Unternehmer und Unternehmerinnen, richtig? Wir wollen Disruption. Die beste Art Bitcoin zu erhalten ist, Produkte oder eine Dienstleistung anzubieten, die jemand mit Bitcoin kaufen möchte, und damit Bitcoin zu *verdienen*.

Zahlungsprobleme lösen

Wer daran denkt, ein Unternehmen in einem internationalen Umfeld zu gründen, stößt auf zwei Hauptprobleme auf dem Weg zum globalen Unternehmen. Das erste ist die Schwierigkeit Produkte und Services über Staatsgrenzen zu transportieren. Das wurde mit dem Internet gelöst. Wir können jetzt virtuelle Produkte und Services erzeugen, die wir auf der ganzen Welt verkaufen können. Wir können das Produkt liefern, aber wir haben immer noch ein großes Problem: wie werden wir bezahlt? Bitcoin löst diesen Teil. Es ermöglicht uns, sofortige Zahlungen aus der ganzen Welt zu empfangen. Das Bitcoin-Netzwerk erlaubt jedem Individuum, einen Betrag so klein wie ein 100-Millionstel eines Bitcoin, was aus heutiger Sicht eine sehr kleine Summe Geld ist, zu versenden. Das kann mit heutigem Geld und traditionellen Zahlungssystemen nicht gemacht werden. Kreditkarten wurden 1950 erfunden und sie wurden ganz sicher nicht für das Internet-Zeitalter gemacht. Bitcoin ist für das Internet-Zeitalter gemacht.

"Kreditkarten wurden 1950 erfunden und sie wurden ganz sicher nicht für das Internet-Zeitalter gemacht. Bitcoin ist für das Internet-Zeitalter gemacht."

Nun, wenn man plötzlich Zahlungen verschicken kann, die einem Hundertstel Euro, oder einem Tausendstel Euro entsprechen, dann kann man Inhalte verkaufen. Man kann Mikrotransaktionen tätigen. Man kann von Millionen Leuten kleine Summen einsammeln, die insgesamt etwas Wert sind. Im selben Netzwerk, in dem ein Tausendstel von einem Euro oder ein Millionstel von einem Euro verschickt wird, können auch Milliarden oder Billionen Euro verschickt werden. Die Gebühr wird exakt die gleiche sein, denn die Gebühren hängen von der Größe der Transaktion in Kilobytes ab, nicht vom Betrag oder Inhalt.

Neutralität, Kriminelle und Bitcoin

Blicken wir auf das Internet zurück und überlegen uns, welche Lektionen daraus in Bezug auf Bitcoin wichtig sind. Eines der wichtigsten Prinzipien des Internets ist Neutralität. Das Internet unterscheidet nicht zwischen einer großen oder kleinen Organisation. Es kennt den Unterschied zwischen CNN und einem ägyptischen Blogger nicht. Es ermöglicht dem ägyptischen Blogger, mit derselben Stimmkraft wie CNN, zur Welt zu sprechen.

Bitcoin verhält sich neutral zu Sender, Empfängerin und zum Wert der Transaktion. Es gibt jedem Bürger, jeder Nutzerin, die Möglichkeit, in Bezug auf finanzielle Instrumente, Zahlungssysteme und Bankwesen innovativ zu sein. Sie können auf demselben Level wie Citibank operieren. Das ist wahrlich revolutionär.

"Bitcoin verhält sich neutral zu Sender, Empfängerin und zum Wert der Transaktion. Es gibt jedem Bürger, jeder Nutzerin, die Möglichkeit, in Bezug auf finanzielle Instrumente, Zahlungssysteme und Bankwesen innovativ zu sein."

Es stellt das hierarchische System des internationalen Finanzwesens auf den Kopf. Bis dato hat dieses hierarchische System Sicherheit durch Limitierung des Zuganges hergestellt, denn das ist die Hauptmethode zur Schaffung von Vertrauen in diesem Zahlungssystem – Sie kommen nicht hinein, außer Sie wurden vorher überprüft. Bitcoin erschafft ein komplett flaches und dezentrales Netzwerk, in dem jeder Knoten gleichgestellt ist, in dem sich das Protokoll neutral zu Transaktionen verhält. Es platziert die Innovation an die Enden des Netzwerkes, dies erzeugt exakt die gleichen Phänomene, wie wir sie beim Internet gesehen haben: erlaubnisfreie Innovation. Sie müssen niemanden fragen, ob Sie ihre Anwendung im Internet veröffentlichen dürfen. Sie müssen niemanden fragen, um eine neue Branche mit ihrer Informationstechnologie vollig zu zerrütten. Bei Bitcoin müssen Sie niemanden fragen, ob Sie ein neues Finanzinstrument, ein neues Zahlungssystem oder ein neues Service erfinden dürfen. Sie können es einfach machen. Sie können Code schreiben und sind sofort Teil eines internationalen Finanznetzwerks, das diesen Code ausführen und Sie in Kontakt mit Millionen von Konsumenten bringen kann.

> *"Bei Bitcoin müssen Sie niemanden fragen, ob Sie ein neues Finanzinstrument, ein neues Zahlungssystem oder ein neues Service erfinden dürfen. Sie können es einfach machen."*

Nun, wir stehen noch am Anfang. Wir haben noch keine einfach verständlichen Benutzeroberflächen. Es ist schwierig zu benutzen. Es wird von Kriminellen verwendet. Es wird von verschiedensten Organisationen auf der ganzen Welt verwendet und es ist schwierig herauszufinden, wer Bitcoin wirklich nutzt. Das habe ich alles schon mal gehört. Als ich 1991 im Internet war, war es eine Welt voller Diebe, Pornografen, Piraten und Krimineller. Aber das war damals nicht wichtig und auch heute ist es das nicht. Es hat keine Bedeutung, denn dieselbe mächtige Technologie, die von Kriminellen dazu verwendet werden kann, illegale Machenschaften voranzutreiben, kann von uns auch dazu verwendet werden Gutes und wunderbare Dinge auf der ganzen Welt zu tun. Und es gibt mehr von uns, als von denen.

Bitcoin schafft ein Umfeld, das reif ist für Innovation, denn es ist nicht nur eine Währung; es ist eine Technologie, ein Netzwerk *und* eine Währung. Ich freue mich über den aktuellen Preisanstieg von Bitcoin, denn ich besitze ein paar Bitcoin und es fühlt sich irgendwie gut an. Aber im Grunde kümmert mich der Preis nicht. Wenn Bitcoin morgen früh in den Keller stürzt, ist die Technologie immer noch revolutionär. Würde eine Website oder Anwendung im Internet versagen, das Internet verschwände auch nicht.

> *"Bitcoin schafft ein Umfeld das reif ist für Innovation, denn es ist nicht nur eine Währung; es ist eine Technologie, ein Netzwerk und eine Währung."*

Bitcoin als Mechanismus zum Ein- und Aussteigen

Wenn Sie Bitcoin als Technologie und nicht bloß als Währung sehen, dann können Sie die gewaltige Bedeutung erahnen. Noch einmal, es geht nicht um uns. Es geht um die anderen sechseinhalb Milliarden. Es geht um die Möglichkeit, den Level der finanziellen Integration weltweit auf eine neue Ebene zu heben. Aus der Sicht unserer privilegierten Welt, ist es eine großartige Technologie, mit der wir disruptive Innovationen gestalten können. Wir können einige sehr interessante Services bauen. Für einen kenianischen Bauern, der für den Kauf von Samenkörnern Geld braucht, der jetzt dezentral einen Peer-to-Peer-Kredit bekommt, weil er Geldgeberinnen aus aller Welt direkt erreichen kann, ist das nicht bloß eine Technologie, das verändert das ganze Leben.

> *"Bei Bitcoin geht es um die Möglichkeit, den Level der finanziellen Integration weltweit auf eine neue Ebene zu heben."*

Die überwiegende Mehrheit der Welt lebt unter repressiven und korrupten Regimen mit Zentralbanken, die eine Hyperinflation von 30% pro Monat durchsetzen. Es ist viel wichtiger zu erkennen, wie sich Bitcoin auf diese Menschen auswirken kann. Es gibt zwei Milliarden Menschen im Internet und nur eine Milliarde davon hat Bankkonten. Wir können das ändern. Es wird nicht einfach, unterschätzen Sie das nicht. Wenn eine disruptive Technologie mitten zwischen den mächtigsten Organisationen dieses Planeten auftaucht, sind diese davon wenig begeistert. Zurzeit sind wir noch in der Anfangsphase. Um diese abgedroschene Redewendung zu verwenden: "Zu Beginn ignorieren sie uns, dann lachen sie über uns, dann bekämpfen sie uns, dann gewinnen wir." Wir sind noch in der Phase, in der sie über uns lachen. Das ist völlig in Ordnung, denn zum Zeitpunkt ihrer Kampfansage, werden sie schon verloren haben. Diese Technologie wurde gerade globalisiert. Chinesische Investoren haben zweieinhalb Milliarden US-Dollar, als Gegengewicht zur Weltherrschaft der globalen Reservewährung US-Dollar, in diese Technologie gesteckt.

Altcoins: Währungen für alle

Es gibt fast zweihundert Währungen auf dieser Welt, aber es gibt nur eine internationale Währung. Es existieren fast zweihundert Währungen, die von Zentralbanken und Regierungen kontrolliert werden, aber es gibt bis heute nur eine mathematische Währung und das ist Bitcoin.

"Kryptographische Währungen werden eine tragende Säule unserer finanziellen Zukunft sein. Diese Technologie kann nicht ungeschehen gemacht werden. Aus einem Omelette werden keine Eier mehr."

Wir werden noch mehr davon erschaffen. Kryptographische Währungen werden eine tragende Säule unserer finanziellen Zukunft sein. Sie werden Teil der Zukunft dieses Planeten sein, weil sie erfunden wurden. So einfach ist das. Diese Technologie kann nicht ungeschehen gemacht werden. Aus einem Omelette werden keine Eier mehr. Es existieren bereits über einhundert konkurrierende Währung in diesem Bereich, was uns zeigt, wie rasch die Innovation, über Bitcoin als Währung hinaus, explodiert ist. Es gibt viele andere, alternative Währungen — sogenannte Altcoins, sie nutzen dieselbe grundlegende Technologie eines dezentralen Kontenbuchs samt Konsens und Satoshis Algorithmus im Netzwerk. Manche dieser Währungen sind inflationär, manche sind deflationär, manche nutzen Liegegeld oder Negativzinsen, manche sind gemeinnützig und verteilen einen Teil des Einkommens an wohltätige Organisationen.

Wir können permanent Geld neu erfinden und neue Formen von Geld und finanziellen Instrumenten erschaffen.

"Letzten Endes ist Bitcoin programmierbares Geld. Mit programmierbarem Geld sind die Möglichkeiten wirklich endlos."

Programmierbares Geld für uns alle

Letzten Endes ist Bitcoin programmierbares Geld. Mit programmierbarem Geld sind die Möglichkeiten wirklich endlos. Viele grundlegende Konzepte des aktuellen Systems basieren auf rechtlichen Verträgen. Diese können in algorithmische Verträge, in mathematische Transaktionen umgewandelt und vom Bitcoin-Netzwerk durchgesetzt werden. Wie ich erwähnt habe, ohne dritte Partei, ohne Gegenüber. Wenn ich Wert von einem Teil des Netzwerks in den anderen senden will, dann geschieht das Peer-to-Peer ohne irgendjemanden dazwischen. Erfinde ich eine neue Form des Geldes, kann ich sie bereitstellen und andere einladen, sich anzuschließen.

"Bitcoin ist das Internet des Geldes. Währung ist nur die erste Anwendung. Im Kern ist Bitcoin eine revolutionäre Technologie, die die Welt für immer verändern wird."

Bitcoin ist mehr als nur Geld für das Internet. Es ist perfektes Geld für das Internet. Es ist schnell, es ist sicher, es ist kostenlos. Ja, es ist Geld für das Internet, aber es ist noch viel mehr. Bitcoin ist das Internet des Geldes. Währung ist nur die erste Anwendung. Wer das begreift, sieht über den Preis hinweg, blickt über die Volatilität hinaus und kann hinter die Modeerscheinung sehen. Im Kern ist Bitcoin eine revolutionäre Technologie, die die Welt für immer verändern wird.

Begleiten Sie mich bei der Revolution.

Vielen Dank.

Peer-to-Peer-Geld

Reinvent Money an der Erasmus Universtät; Rotterdam; Niederlande; September 2015

Video-Link: https://www.youtube.com/watch?v=n-EpKQ6xIJs

Viele Leute bitten mich, über die neuesten Entwicklungen bei Bitcoin zu sprechen, aber worüber ich wirklich reden will, ist alte Geschichte. Ich möchte Geld in seinem historischen Kontext zeigen und darüber sprechen, warum Bitcoin in diesem historischen Bezug wichtig ist.

Wie alt ist Geld?

Als Erstes, ein kleines Quiz für das Publikum: Wenn Sie an Geld als Technologie denken, als ein technologisches System, das die menschliche Zivilisation erfunden hat, wie alt ist diese Technologie? Irgendwelche Ideen? *Das Publikum reagiert mit stark unterschiedlichen Antworten.*

Hier werden viele verschiedene Antworten gegeben. Es überrascht mich immer wieder, dass die Leute sagen, es sei vierhundert Jahre, eintausend Jahre oder zweitausend Jahre alt. In Wahrheit wissen wir nicht wirklich, wie alt Geld ist. Ein Grund dafür ist, dass wir noch keine Zivilisation entdeckt haben, die so alt ist, dass sie kein Geld verwendet hat. Wir wissen, Geld ist so alt wie die Zivilisation selbst.

"Geld ist so alt wie die Zivilisation selbst."

Geld ist älter als die Schrift. Das überrascht die meisten Menschen. Wir wissen das, weil wir Hieroglyphen und Keilschrift als archäologische Funde über die Entdeckung der Schrift vorliegen haben. Wenn wir uns all diese alten Formen der Schrift ansehen, raten Sie, worüber geschrieben wurde. Geld. Sie schrieben Kontenbücher. Alle alten Schriften, die wir finden, die ersten Formen der Schrift, sind Kontenbücher. Sie schrieben über Geld. Denn Geld ist älter als die Schrift.

Ist Geld älter als das Rad? Ich weiß es nicht, aber wir wissen, dass Räder als Zahlungsmittel verwendet wurden. Vielleicht wurde das erste Rad für Geld verkauft oder wurde gar selbst als Geld verwendet. Archäologische Ausgrabungsstätten, bis in die Steinzeit zurück, beweisen die Existenz von Geld in Form von Muscheln, Federn und Perlen.

Wir können Primaten beibringen, Geld zu nutzen. Es gab mehrere Studien, in denen Schimpansen gelehrt wurde, wie sie Geld verwenden können. Ihnen wurde gezeigt, dass ein bestimmter Stein gegen Bananen getauscht werden kann. Die Forschenden beobachteten danach, was die Affen mit dieser neuen Information anfangen würden. Schon nach kurzer Zeit erfanden sie Raubüberfälle. Sie begreifen, dass, wenn sie einen anderen Affen verprügeln und ihm seine Steine wegnehmen, diese gegen Bananen getauscht werden können. Überraschenderweise ist Prostitution das zweite, was sie erfinden. Sie finden heraus, dass sexuelle Gefälligkeiten gegen Steine getauscht und wiederum für Bananen verwendet werden können. Was sagt Ihnen das über die Natur des Geldes?

Ich denke, die wichtigste Erkenntnis über die Natur des Geldes ist, dass Geld eine Form der Kommunikation ist. Auf ganz grundlegender Ebene ist Geld kein Wert. Geld repräsentiert eine Abstraktion eines Wertes; es ist eine Art, Wert zu kommunizieren. Es ist eine Sprache. Demzufolge ist Geld so alt wie Sprache, denn die Fähigkeit Wert zu kommunizieren, ist so alt wie Sprache und Geld. In vielerlei Hinsicht besitzt es Eigenschaften, die es zu einem sprachlichen Konstrukt machen. Es ist eine Form der Kommunikation.

> *"Wir nutzen Geld, um Wert zu kommunizieren, um einander auszudrücken, wie sehr wir ein Produkt, eine Dienstleistung, eine Geste schätzen."*

Wir nutzen Geld, um Wert zu kommunizieren, um einander auszudrücken, wie sehr wir ein Produkt, eine Dienstleistung, eine Geste schätzen. Wir nutzen es als Basis der sozialen Interaktion, denn indem wir Werte untereinander kommunizieren, schaffen wir soziale Bindungen. Geld ist also auch ein sehr wichtiges soziales Konstrukt. Das ist eine uralte Technologie. Doch ironischerweise ist es eine der Technologien, die aus historischer und technologischer Sicht am wenigsten untersucht wurde. Heute stehen wir vor Bitcoin, das eine Erfindung und eine neue Form des Geldes repräsentiert. Lassen Sie uns einen Moment darüber nachdenken.

Technologische Entwicklung des Geldes

Wie oft wandelte sich die Technologie des Geldes durch Erfindungen? Wie viele verschiedene Arten des Geldes existierten? Die einfachste Form Wert zu kommunizieren, ist Dinge auszutauschen, deren Wert wir als gleich erachten. "Da ist meine Ziege. Ich will zwanzig Bananen für mein Ziege." Das ist Tausch, kein Geld, aber es ist die früheste Form Wert zu kommunizieren.

Vom Tauschhandel zu Edelmetallen

Danach entstanden die abstrakten Formen des Geldes. Die erste große technologische Evolution bestand darin, etwas auszutauschen, was man nicht essen kann - eine Feder, eine Perle, eine Schnur mit Knoten darauf, ein buntes Etwas, das für ästhetische Zwecke verwendet werden konnte. So nahm Geld eine abstrakte Form an. Der erste große transformative, technologische Prozess bei der Entwicklung des Geldes, war der Moment, als es bei Geld nicht mehr um den materiellen Konsum des intrinsischen Wertes selbst ging, sondern Geld zu etwas Abstraktem wurde, das Wert widerspiegelt.

"Der erste große transformative, technologische Prozess bei der Entwicklung des Geldes, war der Moment, als es bei Geld nicht mehr um den materiellen Konsum des intrinsischen Wertes selbst ging, sondern Geld zu etwas Abstraktem wurde, das Wert widerspiegelt."

Eine der beliebtesten Formen dieser Abstraktionen war die Verwendung von Edelmetallen, um Werte auszudrücken. Edelmetalle kombinieren einige der wichtigsten Eigenschaften des Geldes: schwierig zu finden (selten); leicht zu transportieren (zumindest verglichen mit einem riesigen Stein oder einem ganzen Sack voll Federn); einfach zu teilen (eine Goldmünze kann in kleinere Teile zerschnitten und in noch kleinere Stücke unterteilt werden); und aus ästhetischen Gründen generell geschätzt. Das ist die zweite große Wandlung in der Technologie des Geldes. Es dauerte mehrere hunderttausend Jahre, bevor Edelmetalle als Geld eingeführt wurden. Historisch gesehen, tauchten die Edelmetalle zuerst zu Beginn der Agrargesellschaft im Gebiet des fruchtbaren Halbmondes im Nahen Osten auf. Die Babylonier, Ägypter und Griechen entwickelten diese Edelmetalle.

Von Edelmetallen zu Papier

Zwei bedeutende technologische Entwicklungen und danach für ein paar tausend Jahre nichts. Bis jemand eine geniale Idee hatte: Wenn ich Gold bei einer vertrauenswürdigen Person hinterlege, kann diese mir ein Stück Papier geben, auf dem steht, dass ich Gold in diesem vertrauenswürdigen Tresorraum habe. Dann könnte ich das Papier anstatt des Goldes handeln. Es ist leichter zu tragen. Solange ich darauf vertrauen kann, dass mein Geld im Tresor liegt, habe ich eine neue Form von Geld.

Mit jeder technologischen Evolution des Geldes entsteht Skepsis. Aber ich denke, dies könnte der Moment der größten Skepsis in der menschlichen Zivilisation gewesen sein. Für viele Menschen war diese neue Erfindung des Geldes als Papier etwas umstritten. Sie glauben, die Leute drehen heute durch wegen Bitcoin? Stellen Sie sich vor, wie sie ausgeflippt sind, als ihnen gesagt wurde, dass Handel ab jetzt statt mit Gold, mit einem Stück Papier betrieben wird. Für viele war das undenkbar. Ich meine, klar, schließlich hat dieses Papier offensichtlich keinen wirklichen Wert. Es dauerte etwa vierhundert Jahre bis Papiergeld breite Akzeptanz fand. Es war eine große Veränderung.

"Sie glauben, die Leute drehen heute durch wegen Bitcoin? Stellen Sie sich vor, wie sie ausgeflippt sind, als ihnen gesagt wurde, dass Handel ab jetzt statt mit Gold, mit einem Stück Papier betrieben wird."

Von Papier zu Plastik

Vor rund sechzig Jahren entstand eine neue Art des Geldes, in Form von Plastikkarten. Tatsächlich waren die ersten Karten wieder aus Papier. In den Vereinigten Staaten stellte Diners Club die ersten Kreditkarten aus, die eine Art Reisescheck waren. Die Leute nahmen das zum Anlass, um zu sagen: "Das ist kein Geld. Wieso geben Sie mir nichts von dem guten alten Papiergeld, das ich kenne?" Das war eine weitere große Transformation des Geldes.

Von Plastik zu Bitcoin

Jetzt gibt es Bitcoin. Bitcoin ist für meine Begriffe, eine ziemlich radikale Transformation. Es ist so radikal, wie der Wechsel von Edelmetallen zu Papiergeld. Vielleicht sogar noch radikaler. Also, was ist Bitcoin? Das grundlegende Problem bei der Beschreibung von Bitcoin ist, dass wir Geld seit tausenden Jahren ausschließlich in physischer Form kennen. Jetzt versuchen wir eine vollkommen abstrakte Form des Geldes zu beschreiben. "Es ist ein Token, der Akzeptanz in einem Netzwerk repräsentiert, eine netzwerkbasierte Form des Geldes." Aber das erklärt nicht einmal in den Grundzügen, was Bitcoin ist.

Eines der häufigsten Missverständnisse, wenn ich versuche Bitcoin zu erklären, ist, dass die Leute glauben, es ist bloß ein Zahlungssystem, dass Bitcoin lediglich eine Form des digitalen Geldes ist. Es ist digitales Geld. Großartig. Aber das ist irgendwie unbedeutend, denn digitales Geld existiert bereits. Sie alle nutzen jeden Tag digitales Geld und das schon lange vor Bitcoin. Sie haben Bankkonten. Diese Bankkonten haben digitale Kontobücher. Sie nutzen diese Bankkonten, um Zahlungen elektronisch zu verschicken. Das ist digitales Geld.

"Bitcoin ist eine fundamentale Transformation der Technologie des Geldes."

Bitcoin ist nicht einfach digitales Geld. Bitcoin ist eine fundamentale Transformation der Technologie des Geldes. Es ist so schwierig zu verstehen, da es so anders ist, als alles was wir bisher kannten. Also werde ich die Sache anders angehen. Ich möchte kurz einen Blick auf die Netzwerk-Architektur werfen.

Übergang zu einem netzwerkorientierten, protokollbasierten Zeitalter

Bitcoin findet nicht im luftleeren Raum statt. Es geschieht zu einem Zeitpunkt in der Geschichte, an dem wir eine Transformation vieler grundlegender sozialer Institutionen erleben. Diese Transformation ist das große netzwerkzentrierte Zeitalter.

Jahrhundertelang waren soziale Institutionen um hierarchische Organisationen herum organisiert: Institutionen, Demokratie, Bankwesen, Bildung. Alle unsere sozialen Beziehungen standen unter dem Aspekt des Hierarchiedenkens, der Autorität zu gefallen, in dieser Bürokratie der Menschen. Aber durch die Erfindung des Internets veränderte sich etwas. Immer mehr dieser sozialen Systeme wandelten sich von geschlossenen, undurchsichtigen, keine Verantwortung übernehmenden, hierarchischen Komplexen mit ihren eigenen Regeln, zu Plattformen. Wir erlebten die Einführung von Systemen mit Bedienungsoberflächen und Schnittstellen zu denen wir Zugang haben, wo Informationen in eine Organisation hinein und aus einer Organisation heraus fließen können. Wir bewegten uns von Institutionen zu Plattformen.

Wir sahen eine noch bedeutendere Transformation, als wir von Plattformen zu Protokollen übergingen. Das Interessante an der Wandlung von einer Plattform zu einem Protokoll ist, dass ein Protokoll keine zentrale Kontrolle besitzt. TCP/IP funktioniert nicht in Bezug auf einen Dienstanbieter. TCP/IP funktioniert unabhängig, überall in der Welt. Sie müssen kein Konto anmelden, um TCP/IP zu benutzen; Sie müssen nur die Sprache anwenden. Sobald von einer Plattform zu einer Sprache übergegangen wird, eröffnen sich all diese Möglichkeiten.

"Bitcoin ist die erste netzwerkorientierte, protokollbasierte Form des Geldes. Das bedeutet, es existiert ohne Bezug zu einem institutionellen oder plattformbasierten Kontext."

Bitcoin ist die erste netzwerkorientierte, protokollbasierte Form des Geldes. Das bedeutet, es existiert ohne Bezug zu einem institutionellen oder plattformbasierten Kontext. Ich komme darauf noch einmal zurück, das ist ein wirklich wichtiger Punkt.

Peer-to-Peer-Architektur

Wir sagen, Bitcoin ist Peer-to-Peer-Geld. Was bedeutet das? Es verweist auf eine Architektur zur Beschreibung der Beziehung zwischen den Teilnehmenden und einem System, die in der Informatik, Netzwerktechnik oder bei verteilten Systemen verwendet wird. Die Architektur von Bitcoin ist Peer-to-Peer, da alle Teilnehmenden an diesem Netzwerk, das Bitcoin-Protokoll auf gleicher Ebene sprechen. Es gibt keine bevorzugten Bitcoin-Knoten, alle Knoten sind gleichgestellt.

Peer-to-Peer bedeutet, dass wenn eine Transaktion an dieses Netzwerk versendet wird, diese von allen Teilnehmenden gleich behandelt wird. In einem Peer-to-Peer-System haben Transaktionen keinen über das Netzwerk hinausgehenden eigenen Kontext. Ein interessantes Thema in verteilten Systemen ist diese Frage von Kontext und Zustand. Wenn Sie sich bei Facebook anmelden und ein Konto bei Facebook haben, verwenden Sie kein Protokoll. Der gesamte Status wird von Facebook kontrolliert. Sie haben sich angemeldet, aber alle Daten werden von Facebook gespeichert. Das wird als Client-Server-Architektur bezeichnet. Bitcoin ist anders, es ist Peer-to-Peer, genau wie E-Mail oder TCP/IP.

Client-Server-Architektur

Wir haben Bedenken, über Geld zu diskutieren. Es ist tatsächlich schockierend, dass in fast allen Ländern Geld nicht Teil des Bildungssystems ist. Fünfjährige haben tolle Fragen über Geld. Für die meisten Eltern ist es fast unmöglich, diese Fragen zu beantworten. "Was ist Geld, Mama? Wie funktioniert es? Warum haben wir nicht mehr davon? Warum können nicht alle mehr davon haben?" Niemand würde sagen: "Susi, geh zurück in dein Zimmer und studiere Inflation, wie ein braves Mädchen und komm nicht raus, bis du Antworten auf diese Fragen hast!"

Wir diskutieren nicht über Geld. Es ist interessant — wir verwenden eine Technologie als Grundlage für fast jeden Aspekt der sozialen Interaktion, und doch ist es ein völlig tabuisiertes Thema. Wir tun alle so, als ob uns Geld nicht besonders am Herzen liegt, zumindest nicht an sich. Wir haben höhere Ziele und Ambitionen. Wir nutzen es täglich, aber wir sprechen nicht wirklich darüber. Es ist ein unanständiges Thema.

Ich denke, die Architektur hat etwas damit zu tun. Die vorige Stufe des Geldes, vor Bitcoin — als begonnen wurde Papiergeld auszustellen, das durch Gold in einem Tresor gestützt war — war im Grunde eine Form der Schulden. Das ist ein wirklich wichtiges Konzept, das es zu verstehen gilt, denn es färbt auf unser Verständnis von Geld ab.

"Die vorige Stufe des Geldes, vor Bitcoin — als begonnen wurde Papiergeld auszustellen, das durch Gold in einem Tresor gestützt war — war im Grunde eine Form der Schulden."

Wie viele von Ihnen haben Geld in einer Bank? Niemand von Ihnen hat Geld in einer Bank. Horten Sie Bargeld in einem Schließfach? Wenn ja, dann könnten Sie vielleicht sagen, dass Sie Geld auf der Bank haben. Der Rest von uns, leiht sein Geld der Bank. Für das Privileg, der Bank Geld zu leihen, wird eine erstaunliche Zinsrate von 0,00001% pro Jahr gezahlt. Ihre Bank wird Ihr Geld nehmen, sich einmal umdrehen und den Leuten nach Ihnen, das Geld für 24,99% pro Jahr leihen.

"Das ist eine Client-Server-Beziehung. Denn dieses Geld existiert nur in Form von Schulden in einem Kontobuch, das Sie nicht kontrollieren. Ein Kontobuch, das auf einem Server gespeichert wird und Sie sind bloß ein Client. In Wahrheit haben Sie darüber überhaupt keine Kontrolle."

Das ist eine Client-Server-Beziehung. Denn dieses Geld existiert nur in Form von Schulden in einem Kontobuch, das Sie nicht kontrollieren. Ein Kontobuch, das auf einem Server gespeichert wird und Sie sind bloß ein Client. In Wahrheit haben Sie darüber überhaupt keine Kontrolle. Sie haben nicht einmal Zugang zu einer einfachen Bedienungsoberfläche für das Geld, außer dies wird vom Server zur Verfügung gestellt. So arbeitet eine Client-Server-Architektur.

Master-Slave-Architektur

Es gibt einen weiteren Begriff in verteilten Systemen, der eine bestimmte Form der Client-Server-Architektur beschreibt, bei der die sekundäre Partei, nur eine schwache Kopie besitzt, die nicht wirklich von Bedeutung ist. Wir nennen das *Master-Slave-Architektur.* Wenn Sie über die vorherige Stufe des Geldes als Master-Slave-Architektur nachdenken, stellt sich eine unbequeme Frage: Wer ist der Sklave? Denn in einem Schuldensystem, ist eine der beiden Parteien immer der Sklave.

"...in einem Schuldensystem, ist eine der beiden Parteien immer der Sklave."

Sie sind der Client. Sie sind nicht der Server. Der Server dient Ihnen nicht wirklich, die Server dienen sich selbst, denn sie sind die Master. Das ist die Architektur des Geldes, in der wir leben. Das ist die Architektur des Geldes, die wir in unserer Zivilisation verwenden: eine Architektur des Geldes, in der wir keine Kontrolle haben, eine Architektur des Geldes, in der jede Interaktion von einer dritten Partei, die absolute Kontrolle über dieses Geld hat, vermittelt wird.

Falls Sie heute zu einem Bankautomaten gehen und Ihre Karte einstecken, kann es sein, dass sich die Bank entscheidet, Ihnen Geld zu geben. Eines Tages – wie es in den letzten paar Jahrzehnten und Jahrhunderten die Menschen in Zypern, Griechenland, Venezuela, Argentinien, Bolivien, Brasilien und auf einer Liste von weiteren hunderten Ländern herausgefunden haben – eines Tages, gehen Sie zur Bank und die Bank gibt Ihnen kein Geld, denn sie muß nicht. Das ist das Wesensmerkmal einer Master-Slave-Beziehung.

"Bitcoin ist grundlegend anders, denn bei Bitcoin, schulden Sie niemandem etwas und niemand schuldet Ihnen etwas. Das System basiert nicht auf Schulden."

Bitcoin ist grundlegend anders, denn bei Bitcoin, schulden Sie niemandem etwas und niemand schuldet Ihnen etwas. Das System basiert nicht auf Schulden. Es ist ein System, das auf dem Besitz der abstrakten Token basiert. Vollständiger Besitz. Wir haben ein Sprichwort in den Vereinigten Staaten, das lautet "Besitz macht neun Zehntel des Rechts aus." Bei Bitcoin macht der Besitz zehn Zehntel des Rechts aus. Wenn Sie Ihre Bitcoin-Schlüssel kontrollieren, ist es Ihr Bitcoin. Wenn Sie Ihre Bitcoin-Schlüssel nicht kontrollieren, ist es nicht Ihr Bitcoin. Ohne Schlüssel befinden Sie sich wieder in einem Master-Slave-Verhältnis.

"Bei Bitcoin macht der Besitz zehn Zehntel des Rechts aus. Wenn Sie Ihre Bitcoin-Schlüssel kontrollieren, ist es Ihr Bitcoin. Wenn Sie Ihre Bitcoin-Schlüssel nicht kontrollieren, ist es nicht Ihr Bitcoin."

Bitcoin: eine fundamentale Transformation des Geldes

Bitcoin repräsentiert eine fundamentale Transformation des Geldes. Es ist eine Erfindung, die die älteste Technologie der Zivilisation verändert. Und zwar radikal und disruptiv, indem sie die grundlegende Architektur in eine, die für alle Teilnehmenden gleich ist, verwandelt. Wo eine Transaktion keinen Status oder Kontext mit sich bringt außer den, den Konsensregeln zu folgen, die von niemandem kontrolliert werden. Wo das Geld Ihnen gehört. Durch die Nutzung digitaler Signaturen haben Sie die völlige Kontrolle über Ihr Geld, niemand kann es zensurieren, niemand kann es Ihnen entziehen, niemand kann es einfrieren. Niemand kann Ihnen vorschreiben, was Sie mit Ihrem Geld machen oder nicht machen sollen.

Es ist ein Geldsystem, das gleichzeitig vollkommen transnational und grenzenlos ist. So ein Geldsystem hatten wir noch nie. Es ist ein Geldsystem, das in Lichtgeschwindigkeit sendet, und an dem alle Menschen weltweit mit einem so einfachen Gerät wie einem SMS-Telefon teilnehmen können.

Das stellt eine von vielen Menschen gefürchtete technologische Innovation dar, da es eine derart fundamentale Transformation des Geldes bedeutet. Was sie Ihnen sagen werden ist, dass sie besorgt sind. Sie sind sehr besorgt. Sie sind besorgt, dass Kriminelle Bitcoin verwenden werden. Aber in Wahrheit, haben sie sehr viel mehr Angst davor, dass es der Rest von uns nutzen wird.

Vielen Dank.

Privatsphäre, Identität, Überwachung und Geld

Barcelona Bitcoin Meetup im Fablab; Barcelona, Spanien; März 2016

Video-Link: https://www.youtube.com/watch?v=Vcvl5piGlYg

Heute werde ich über das Konzept der Neutralität, Dezentralisierung, Privatsphäre und das, was Bitcoin so besonders macht, sprechen. Sie haben mich viel über Bitcoin vortragen hören. Wenn ich das Wort *Bitcoin* verwende, rede ich nicht über die Währung. Ich spreche von einem breiteren Konzept: dem Konzept völlig dezentraler, netzwerkbasierter, flacher Netzwerke zur Bereitstellung vertrauenswürdiger Anwendungen. Wenn Ihnen plötzlich ein völlig dezentrales, flaches Netzwerk zur Verfügung steht, das vertrauenswürdige Anwendungen bereitstellen kann, ist die logischste erste Anwendung Währung. Aber Währung ist nur die erste Anwendung.

Bankwesen: von der Befreiung zur Begrenzung

Wir restrukturieren die Gesellschaft, indem wir Institutionen neu aufbauen. Herkömmlicherweise besaßen unsere Institutionen einen hierarchischen Aufbau. Das war eine Erfindung der Industrialisierung, ein Konzept aus dem 18. Jahrhundert, das es den Menschen erlaubte, sich in größeren Dimensionen zu organisieren und zu kommunizieren. Es war sehr effektiv bei der Ausschaltung der Monopole von Königen und feudalen Systemen. Jetzt sind sie am Ende angelangt.

Manchmal fragen mich die Leute, was meine politischen Einstellungen sind. Es ist sehr schwierig zu erklären, aber ich denke ein Wort fasst es zusammen: Ich bin ein *Disruptarier*. Dinge, die es sich gerichtet haben, sollten etwa alle dreißig bis vierzig Jahre, zerstört und neu aufgebaut werden. Denn während sie sich einrichten, sammeln sie Macht an, sie werden zentralisiert und durch die zentrale Macht entsteht Korruption. Das ist kein neues Konzept. Meine Vorfahren - ich komme aus Griechenland - fanden heraus, dass Korruption in Machtsystemen auftritt und absolute Macht erzeugt absolute Korruption. Es gibt keine absolutere Macht als die Macht über Geld.

"Dinge, die es sich gerichtet haben, sollten etwa alle dreißig bis vierzig Jahre, zerstört und neu aufgebaut werden. Denn während sie sich einrichten, sammeln sie Macht an, sie werden zentralisiert und durch die zentrale Macht entsteht Korruption. Es gibt keine absolutere Macht als die Macht über Geld."

Wir leben in einer Welt, in der das Bankwesen einmal eine große Befreiung war. Es war eine Erfindung, die die Finanzen aus dem Reich der Könige in das Reich der gewöhnlichen Menschen brachte. Dieses System befreite Milliarden von Menschen. Dann konzentrierte es sich, sammelte Macht und diese Macht führte zu Korruption. Das was heute übrig ist, ist kein Befreiungssystem und es ist Zeit, dies zu ändern. Bitcoin ist eines der Dinge, die die Zentralisierung von Macht entscheidend stören werden. Wieso ist das so?

Negative Auswirkungen durch Design, nicht durch Absicht

Eines der Dinge, die mich als Informatiker, der an verteilten Systemen arbeitet, interessiert, ist die Architektur von Systemen. Architektur ist ein großartiges Thema für diese Stadt. Die Architektur von Systemen ist verantwortlich für ihre Auswirkungen.

Ich habe mit vielen Bankangestellten gearbeitet. Es sind nette Leute. Sie versuchen ihre Familie zu ernähren, ihre Hypothek zu bezahlen, einer ordentlichen Arbeit nachzugehen. Unter ihnen gibt es ein paar Soziopathen, die zwangsläufig in die höchsten Positionen der Macht aufsteigen, denn in hierarchischen Systemen stellt Soziopathie einen Vorteil dar. Aber der Großteil der Probleme bei der traditionellen Konzentration von Macht bei Geld hat nichts damit zu tun, dass es böse Menschen gibt. Es hat mit dem Umstand zu tun, dass diese Institutionen -- durch ihre Gestalt, durch ihre Architektur -- Ergebnisse produzieren, die schlecht sind. Ihre Auswirkungen sind nicht egalitär. Ihre Ergebnisse sind restriktiv. Sie beginnen Nativismus, Nationalismus, Stammesdenken, Klassenstrukturen und all diese Dinge zu schaffen, die die Welt zu einem kleineren Ort machen.

Kommunikation erweitert sich, während der Zugang zum Bankwesen abnimmt

Tatsächlich haben wir in den letzten fünfzehn Jahren beobachtet, wie das Internet zur Triebkraft der dezentralen Kommunikation wurde. Es ist eine sehr befreiende Kraft gewesen. Aber im Hinblick auf ökonomische Inklusion und das Bankwesen, haben wir die Möglichkeiten nicht erweitert. Wir haben die Zugänglichkeit nicht ausgeweitet. Genau genommen, geht sie zurück. Die ökonomische Inklusion nimmt ab.

Der Grund für diese Abnahme ist, dass diese isolierten Finanzstrukturen und ihre zugrunde liegende Architektur, ihre Mauern höher ziehen: anhand nationaler Grenzen, Klassenstrukturen und Unterschieden wie mit Ihrem Geld und beim Handel umgegangen wird. Wir leben in einer Welt, die zunehmend global und vernetzter wird. Es gibt sogar eine entstehende globale Kultur durch das Internet. Und doch sind unsere Finanzsysteme beschränkt, isoliert und getrennt.

"Wir leben in einer Welt, die zunehmend global und vernetzter wird und doch sind unsere Finanzsysteme beschränkt, isoliert und getrennt."

Betrachten wir das aus der Netzwerk-Perspektive, gibt es Geldsysteme für die Übertragung von kleinen Beträgen und Geldsysteme für die Übertragung von großen Beträgen. Geldsysteme für Zahlungen unter Konsumenten und Verbraucherinnen, Geldsysteme für Zahlungen unter Organisationen. Alle sind geografisch durch Grenzen, rechtliche Gesetzgebung und Nationalstaaten voneinander getrennt. Diese Struktur erzeugt Trennungswirkung. Das bedeutet, dass wir als Menschen weniger und weniger frei sind, Geschäfte mit dem Rest der Welt abzuwickeln. Die Geopolitik wirkt sich gravierend auf die Finanzen aus, weil die Kombination von Staat und Geld schädliche Folgen hat.

Wir werden das alles verändern.

Neue Architektur, neuer Zugang

Bitcoins Architektur schenkt uns einen neuen Weg, die Welt zu organisieren, genauso wie das Internet den Zugang zu Kommunikation vereinfachte und jedes

System, das sich damit verband, zu einem gleichwertigen Teilnehmer machte. Wenn ich eine IP Adresse besitze, werden meine Pakete nicht anders behandelt als die Pakete von irgendjemand anderem in diesem Netzwerk. Im Großen und Ganzen gibt das allen eine Stimme. Es verleiht jeder einzelnen Person die Macht einer Druckerpresse mit globaler Reichweite. Bitcoin wird dasselbe erreichen, indem es jeder Person die Macht einer Bank mit globaler Reichweite verleiht.

"Bitcoins Architektur schenkt uns einen neuen Weg, die Welt zu organisieren, genauso wie das Internet den Zugang zu Kommunikation vereinfachte und jedes System, das sich damit verband, zu einem gleichwertigen Teilnehmer machte."

Stellen Sie es sich vor wie Desktop-Banking. Wie Desktop-Druck, Desktop-Publishing und Websites die Kommunikation veränderten, wird Desktop-Banking — das individuell kontrollierte Bankwesen mit der ganzen Macht der größten Banken der Welt — für große Veränderungen sorgen.

Stellen Sie sich eine Welt vor, in der jede Person die Möglichkeit hat Transaktionen nicht nur durchzuführen, sondern auch komplexe Finanzsysteme und Instrumente zu erschaffen, ohne dafür jemanden um Erlaubnis fragen zu müssen. Bloß durch die Verbindung zum Netzwerk, kann jede Person eine neue Anwendung starten. In zentralisierten Systeme ist das nicht möglich.

In einem zentralisierten System gilt, je weiter außen Sie sind, desto weniger Kontrolle haben Sie. Je näher Sie dem System kommen und je weiter Sie in der Hierarchie nach oben wollen, desto kontrollierter, desto limitierter ist der Zugang. Aber nicht bei Bitcoin. Bei Systemen wie Bitcoin, hat jeder Knoten im Netzwerk gleichwertigen Zugang zu allen finanziellen Dienstleistungen. In einem zentralisierten System müssen Sie zuerst um Erlaubnis fragen, falls Sie eine neue Anwendung entwickeln wollen. Und diese Erlaubnis wird nur gewährt, wenn diese Anwendung eine breite Masse anspricht und profitabel sein kann.

Im Internet oder bei Bitcoin, ist alles, was Sie benötigen, um eine Anwendung zu starten, zwei Knoten, zwei Personen, zwei Systeme. Sie können beginnen zu kommunizieren, ihre eigenen Protokolle und Systeme aufbauen, und diese Anwendung wird auch mit nur zwei teilnehmenden Personen genauso zulässig sein, wie jede andere Anwendung im Netzwerk.

Netzneutralität und Nicht-Diskriminierung

Das grundlegende Missverständnis bei der Betrachtung des Internets ist, dass die Leute glauben, die Macht des Internets komme von der Fähigkeit, Informationen schnell übermitteln zu können. Aber die wirkliche Kraft des Internets entsteht durch die Netzneutralität. Netzneutralität bedeutet, dass das Internet niemanden aufgrund von Quelle, Ziel oder Inhalt diskriminiert.

"Bitcoin ist das erste Finanznetzwerk, das Neutralität bietet."

Bitcoin ist das erste Finanznetzwerk, das Neutralität bietet. Das Netzwerk kümmert sich bei einer Bitcoin-Transaktion nicht um die Quelle, das Ziel, den Betrag oder die Art der Finanzanwendung, die es unterstützt. Die einzige relevante Frage ist, wurden ausreichende Transaktionsgebühren bezahlt, um das Netzwerk zu nutzen? Und wenn ja, dann ist Ihre Anwendung wertvoll.

Es gibt keine Spam-Transaktionen bei Bitcoin

Es werden gerade interessante Diskussionen bei Bitcoin geführt. Vielleicht haben einige von Ihnen den Begriff "Spam-Transaktion" gehört. Was ist eine Spam-Transaktion? Was bedeutet es für eine Transaktion "Spam" zu sein? Für mich ist der Begriff ohne Bedeutung, denn sobald entschieden wird, welche Transaktionen Spam sind und welche nicht, wird eine Beurteilung von oben herab gegeben. Aufgrund einer Machtstellung wird entschieden, welche Anwendungen legitim sind. Dann stellt sich die nächste Frage: legitim für wen? Für die Endbenutzer und Konsument/innen? Es gibt keine Spam-Transaktionen, einfach deshalb, weil eine Transaktion, die genug Gebühren mitbringt, zeigt, dass die Absenderin dieser Transaktion Wert darauf gelegt hat, dass sie gesendet wird. Daher ist es eine legitime Transaktion. Dies ersetzt das Konzept der Inhaltskontrolle durch Entscheidungen darüber, was gut, was schlecht, was legitim, was illegitim ist, was eine wertvolle Anwendung, was eine nicht wertvolle Anwendung ist, mit einem einfachen Marktmechanismus. Durch die Demokratisierung des Finanzwesens ist Ihre Transaktion auch mit einer nur minimalen Gebühr wertvoll und kein Spam.

Netzwerkbasiertes Geld

Von den 1970er Jahren an verbreiteten sich digitale Währungen rund um die ganze Welt. Wenn Leute Bitcoin als "digitale Währung" bezeichnen, übersehen sie die wirkliche Bedeutung. Der Euro ist eine digitale Währung, der US-Dollar ist eine digitale Währung. Weniger als acht Prozent dieser Währungen existieren in physischer Form; der Rest sind Bits auf Kontenbüchern. Der fundamentale Unterschied ist, dass diese Kontenbücher von zentralen Organisationen kontrolliert werden, bei Bitcoin nicht. Bitcoin ist ein dezentrales Netzwerk, ein offenes Netzwerk.

"Bitcoin ist keine digitale Währung. Es ist eine Kryptowährung. Es ist netzwerkbasiertes Geld."

Bitcoin ist keine digitale Währung. Es ist eine Kryptowährung. Es ist netzwerkbasiertes Geld. Mir gefällt die Idee des netzwerkbasierten Geldes sehr. Ein Netzwerk, das uns erlaubt das Vertrauen in Institutionen, das Vertrauen in Hierarchien, durch Vertrauen in ein Netzwerk zu ersetzen. Das Netzwerk agiert als sehr breit verteiltes Wahrheitsschiedsgericht und löst alle Meinungsverschiedenheiten über Transaktionen und Sicherheit auf eine Weise, bei der niemand die Kontrolle hat.

Der Traum totalitärer Kontrolle über alle finanziellen Transaktionen

Beginnend in den 1970er Jahren, wurden unsere Währungen digital, aber es ist ein anderes "digital" wie bei Bitcoin. Das löste bei Regierungen den Traum aus, eines Tages alle finanziellen Transaktionen jeder einzelnen Person weltweit zu kontrollieren, da alles für die Machthaber sichtbar sein würde. So stirbt die Privatsphäre. Wenn die Möglichkeit eine Transaktion zu tätigen, Sie gleichzeitig unter das Auge der Überwachung bringt. Wir kreierten ein globales Finanzüberwachungssystem, ein System weltweiter, totalitärer, finanzieller Überwachung.

"Das löste bei Regierungen den Traum aus, eines Tages alle finanziellen Transaktionen jeder einzelnen Person weltweit zu kontrollieren, da alles für die Machthaber sichtbar sein würde. So stirbt die Privatsphäre."

Dieses System, das Identifizierung und Prüfung der Kreditwürdigkeit sowie begrenzten Zugang erfordert, ist dafür verantwortlich, dass die wirtschaftliche Integration rückläufig ist. Es ist dafür verantwortlich, dass zweieinhalb Milliarden Menschen absolut keinen Zugang zum Bankwesen haben. Das sind nur die Haushaltsköpfe, die Familienmitglieder nicht mitgezählt. Dies beinhaltet auch nicht die Menschen, die limitierten Zugang zum Bankwesen haben, mit nur einer Währung in nur einem Staat. In der Summe sind das Milliarden über Milliarden Menschen.

Zensur finanzieller Transaktionen

Als Mitglied der privilegierten Elite der Industrieländer, habe ich die Möglichkeit innerhalb von vierundzwanzig Stunden elektronisch ein Wertpapierdepot zu eröffnen. Und binnen vierundzwanzig Stunden kann ich auf der Tokioter Börse in Yen handeln. Ich kann, ohne bedeutende Einschränkungen, Geld aus der ganzen Welt empfangen und überall hin senden. Alles was ich dafür tun muss, ist meine Privatsphäre und Freiheit opfern.

Während ich all diese Möglichkeiten habe, gibt es manche Dinge, die ich nicht machen kann. Ich spreche nicht über Drogenkauf. Das finde ich nicht wirklich interessant. Ich meine simple Dinge -- zum Beispiel einer aktivistischen Organisation wie WikiLeaks zu spenden. Vor einigen Jahren wurde WikiLeaks vom weltweiten Finanzsystem völlig abgeschottet, allein durch außergerichtlichen Druck auf die wenigen großen Zahlungsanbieter: Visa, MasterCard, das Banküberweisungssystem, Paypal, etc. Ohne gerichtlichen Prozess, ohne Verurteilung und meiner Meinung nach, möglicherweise ohne irgendein Verbrechen begangen zu haben, außer die Wahrheit hinter den wahren Verbrechen aufzudecken, wurde WikiLeaks vom weltweiten Finanzsystem abgeschnitten. Dies geschieht jetzt nicht nur mit aktivistischen Organisationen; es passiert ganzen Staaten.

Der Traum der Nationalstaaten, ein totalitäres Finanzsystem zu schaffen, starb am 3. Januar 2009 mit der Erfindung von Bitcoin und dem Mining des Genesis Blocks.

"Der Traum der Nationalstaaten, ein totalitäres Finanzsystem zu schaffen, starb am 3. Januar 2009 mit der Erfindung von Bitcoin und dem Mining des Genesis Blocks. "

Netzwerkbasiertes Geld ist zensur-resistent

Bitcoin ist *zensur-resistent*. Sie haben diesen Begriff vielleicht schon gehört. Bei Bitcoin kann niemand kontrollieren, wohin Geld gesendet wird. Es sind keine Identitäten oder geografische Daten damit verknüpft. Bei Bitcoin ist die Überwachung aller nicht möglich. Zensur-Resistenz ist bei Bitcoin ein Element, das durch Neutralität und die Architektur eines flachen, grenzenlosen Netzwerkes, geschaffen wird. Die Architektur der Neutralität, die der Quelle, dem Ziel und dem Betrag keine Bedeutung zumisst, erzeugt die Zensur-Resistenz.

Unterwachung statt Überwachung

Privatsphäre ist sehr wichtig und es ist ein Begriff, der oft eine sehr tiefgreifende politische Bedeutung hat. Ich stelle es gern einem anderen Begriff gegenüber, *Geheimhaltung*. Worin besteht der Unterschied zwischen Privatsphäre und Geheimhaltung? Nach dem heutigen Vokabular ist Privatsphäre das Recht von Milliarden Menschen nicht überwacht zu werden. Geheimhaltung und Intransparenz sind in der Macht sehr weniger Menschen, um sich der Verantwortung zu entziehen.

Wir leben in einer Welt, in der jede einzelne Transaktion, die Sie über das Finanzsystem tätigen, katalogisiert, analysiert und an Geheimdienste auf der ganzen Welt übertragen wird, die zusammenarbeiten, und doch haben wir keine Ahnung, was unsere Regierungen mit Geld machen. Die Finanzsysteme der Mächtigen sind absolut undurchschaubar. Unsere Transaktionen sind durch dieses Überwachungssystem vollständig sichtbar. Diese Welt steht auf dem Kopf. Bitcoin stellt sie richtig.

Privatsphäre ist ein Menschenrecht und Geheimhaltung ist ein Privileg der Macht, und wir brauchen eine Welt, in der wir eine absolute, uneingeschränkte und starke Privatsphäre für Milliarden von Menschen haben. Denn das ist ein Menschenrecht, denn das ist ein Eckpfeiler der Meinungsfreiheit, der Versammlungsfreiheit, der politischen Meinungsäußerung und all der anderen Freiheiten, die mit der Privatsphäre eng verknüpft sind. Wir müssen in einer Welt leben, in der Geheimhaltung schwach und leicht zu durchdringen ist, in der die Mächtigen sich der Verantwortung stellen müssen, weil sie im Fokus der Transparenz stehen. Wir müssen dieses System auf den Kopf stellen.

"Privatsphäre ist ein Menschenrecht. Geheimhaltung ist ein Privileg der Macht. Wir müssen in einer Welt leben, in der Geheimhaltung schwach und leicht zu durchdringen ist, in der die Mächtigen sich der Verantwortung stellen müssen, weil sie im Fokus der Transparenz stehen."

Eines meiner Lieblingswörter ist das französisches Wort: *Sousveillance* (deutsch: Unterwachung). Es ist das Gegenteil von Überwachung. Überwachung bedeutet, von oben herab zu blicken; Unterwachung bedeutet, von unten nach oben zu sehen. In ihrem Traum, dass Nationalstaaten unsere gesamte finanzielle Zukunft kontrollieren, haben sie sich schwer verschätzt. Es ist verdammt viel schwieriger für ein paar hunderttausend Menschen, siebeneinhalb Milliarden zu überwachen. Denn, was wird geschehen, wenn wir siebeneinhalb Milliarden zurückstarren? Wenn sich das Panoptikum um 180 Grad umdreht? Wenn unsere Finanzsysteme, unsere Kommunikationssysteme privat sind und Geheimhaltung eine Illusion ist, die nicht aufrechterhalten werden kann? Wenn Verbrechen, die im Namen von Staaten und mächtigen Unternehmen begangen werden, angreifbar für Hacker, Whistleblower und geheime Informanten sind? Wenn alles irgendwann ans Tageslicht kommt? Wir sind beträchtlich im Vorteil, denn das natürliche Gleichgewicht des Systems ist eines, indem die Privatsphäre der Individuen geschützt wird, aber die Mächtigen über keine Geheimhaltung mehr verfügen. Bitcoin ist eine der ersten Stufen in diesem Prozess.

"Wir sind beträchtlich im Vorteil, denn das natürliche Gleichgewicht des Systems ist eines, indem die Privatsphäre der Individuen geschützt wird, aber die Mächtigen über keine Geheimhaltung mehr verfügen. Bitcoin ist eine der ersten Stufen in diesem Prozess."

Banken für alle

Durch die Möglichkeit Transaktionen grenzüberschreitend zu tätigen, sind wir jetzt in der Lage, Milliarden Menschen Finanzdienstleistungen anzubieten, die bisher keinen Zugang hatten. Nicht notwendigerweise durch komplizierte Technologie. Manchmal spreche ich mit regionalen Banken, jenen, die keine Angst vor Bitcoin haben. Sie erzählen mir zum Beispiel, dass 80% ihrer Bevölkerung 160 Kilometer von der nächsten Bankfiliale entfernt sind und sie sie daher nicht betreuen können. In einem Fall sagten sie, es sind 160 Kilometer mit dem Kanu. Ich lasse Sie raten, welches Land das war. Trotzdem, sogar in den abgelegensten Orten der Welt gibt es heute einen Mobilfunkturm. Selbst an den ärmsten Orten der Welt gibt es oft ein kleines Solarpanel auf einer kleinen Hütte, das ein Nokia 1000 Telefon speist, das meist erzeugte Gerät in der Geschichte der Produktion, von dem Milliarden ausgeliefert wurden. Wir können jedes einzelne dieser Telefone nicht nur in ein Bankkonto, sondern in eine ganze Bank verwandeln.

> *"Ich habe kein Schweizer Bankkonto in meiner Tasche. Es ist eine ganze Schweizer Bank."*

Vor zwei Wochen hielt Präsident Obama eine Präsentation bei 'South by Southwest' und er sprach über Privatsphäre. Er sagte: "Wenn wir die Handys nicht knacken können, bedeutet das, dass alle ein Schweizer Bankkonto in der Tasche haben." Das stimmt nicht ganz. Ich habe kein Schweizer Bankkonto in meiner Tasche. Es ist eine ganze Schweizer Bank und die Fähigkeit, mit einem einzigen Seed zwei Milliarden Adressen zu generieren und für jede Transaktion eine andere Adresse zu verwenden. Diese Bank ist komplett verschlüsselt, also sogar, wenn das Handy freigeschaltet wird, habe ich immer noch Zugang zu meiner Bank. Das stellt die kognitive Dissonanz zwischen den Kräften der zentralisierten Geheimhaltung und der Macht der Privatsphäre als Menschenrecht dar, die wir jetzt in greifbarer Nähe haben. Wenn Sie denken, dass dies einfach oder kampflos geschehen wird, irren Sie sich sehr.

Bitcoin, der Zombie der Währungen

Wenn Sie irgendetwas über Bitcoin lesen, finden Sie die gleichen Aussagen wie über das Internet der frühen 1990er Jahre. Es ist ein Hafen für Pädophile, Terroristen, Drogendealer und Kriminelle. Wie viele von Ihnen in diesem Raum haben Bitcoin? Wie viele von Ihnen sind Terroristen, Pädophile, Drogendealer oder Kriminelle?

Sehen Sie, bei Bitcoin ist das so, während diese Ansicht verbreitet wird, stößt immer wieder eine Person, die noch nie von Bitcoin gehört hat, auf eine spannende Sache: Bitcoin ist immer noch nicht tot. Das ist immer überraschend, denn alle zwei, drei Monate erscheint ein Artikel, der behauptet, Bitcoin sei tot. Das ist großartiges Marketing. Denn jedes Mal, wenn jemand hört, es ist tot und drei Monate später hören sie es ist immer noch nicht tot, denken sie: "Huh, dieses Ding tendiert wirklich dazu zu überleben." Ich nenne Bitcoin "Das Internet des Geldes", aber vielleicht sollten wir es "Zombie der Währungen" nennen. Es ist die Untote unter den Währungen.

"Ich nenne Bitcoin Das Internet des Geldes, aber vielleicht sollten wir es Zombie der Währungen nennen. Es ist die Untote unter den Währungen."

Das Thema ist, dass wir jetzt ein System schaffen, das die größte Industrie der Welt bedroht, und zwar die Finanzindustrie. Sie werden sich dagegen wehren. Sie werden zurückschlagen und die häufigste und effektivste emotionale Taktik anwenden, die es gibt, nämlich Angst. Sie werden Sie wie Idioten behandeln und versuchen, Sie davon zu überzeugen, dass es etwas zu fürchten gibt. Wenn Leute diese Botschaft hören, kommen sie vielleicht am nächsten Tag zu einem dieser Meetups und treffen einen Zahnarzt, der Bitcoin besitzt, eine Architektin, die Bitcoin besitzt, einen Taxifahrer, der Bitcoin benutzt, um Geld an seine Familie zu schicken - normale Leute, die Bitcoin benutzen, um finanzielle Selbstbestimmung und finanzielle Freiheit zu erhalten. Jedes Mal, wenn diese Botschaft durch Wahrnehmungen, die nicht übereinstimmen, gebrochen wird, gewinnt Bitcoin. Alles, was Bitcoin wirklich tun muss, ist überleben. Bisher läuft es ziemlich gut.

Währungen entwickeln sich

In der neuen netzwerkbasierten Welt nehmen Währungen evolutionäre Nischen ein. Sie entwickeln sich, wie Spezies, aufgrund der Anreize, die sie von der Umwelt bekommen. Bitcoin ist ein dynamisches System mit Software-Entwicklungsleuten, die es verändern können. Die Frage ist, in welche Richtung wird sich Bitcoin entwickeln? In welche ökologische Nische wird es versuchen hineinzupassen? Und wie werden sich die Maßnahmen der Mächtigen darauf auswirken? Wenn sie Bitcoin angreifen, wird es sich wie jede andere Art weiterentwickeln, verändern und sich gegen die Angreifer wehren. Greifen sie die Anonymität von Bitcoin an, wird es anonymer werden. Greifen sie die Widerstandsfähigkeit von Bitcoin an, wird es resilienter werden. Im Endeffekt, trotz all der Angst machenden Botschaften, ist Bitcoin der kleine, süße Bär der Währungen, den man besser nicht treten will. Denn es ist wie in der Evolution, wenn Sie auf den kleinen Gecko treten, wird er sich weiterentwickeln bis er ein Komodowaran ist, auf dem Sie nicht mehr herumtrampeln können.

Manchmal fragen mich Leute: "Glauben Sie, Regierungen werden Bitcoin verbieten? Werden sie Bitcoin zu Tode regulieren? Werden Sie Bitcoin mit Denial-of-Service-Attacken angreifen?" Die Antwort ist ziemlich einfach, denn in netzwerkbasierten Systemen -- dynamische und anpassungsfähige Systeme, die Antifragilität aufweisen -- bringen Attacken das System dazu sich anzupassen, weiterzuentwickeln und noch widerstandsfähiger zu werden. Denken Sie ein wenig darüber nach.

"In netzwerkbasierten Systemen bringen Attacken das System dazu sich anzupassen, weiterzuentwickeln und noch widerstandsfähiger zu werden."

Attacken erzeugen Widerstandsfähigkeit

Ich beschäftige mich seit 1989 mit dem Internet. In den Anfangstagen wurden viele Artikel darüber geschrieben, wie unbelastbar das Internet war, dass es nicht skalierbar war, um Sprache zu übertragen, dass es nicht sicher war. Ich erinnere mich an Zeiten, in denen Denial-of-Service-Attacken Yahoo, AltaVista und sogar Google für Stunden, manchmal Tage vom Netz genommen haben. Was ist seitdem geschehen? Wie oft war Google offline in den letzten fünf Jahren? Haben die Attacken auf Google abgenommen? Nein, im Gegenteil. Google kann jetzt Gigabit von Denial-of-Service-Attacken, egal wo in der Welt, aushalten und dynamisch umleiten. Dasselbe gilt für alle Internet Anwendungen. Die Attacken haben nicht aufgehört. Das System ist immun geworden. Genau wie bei einem menschlichen Immunsystem. Wenn Sie einem Virus ausgesetzt sind und der Sie nicht umbringt, entwickeln Sie Widerstandskräfte und das nächste Mal, wenn der Virus Sie trifft, macht er Ihnen nichts aus.

Werden Regierungen versuchen Bitcoin zu verbieten? Bitcoin regulieren? Bitcoin attackieren? Das tun sie bereits. Das haben sie fast von Anfang an schon getan und Bitcoin wird immer noch stärker. Es ist ein System, das unter einer konstanten Denial-of-Service-Attacke steht, das vierundzwanzig Stunden pro Tag im Internet von Hackern, Agenten und anderen System angegriffen wird.

"Bitcoin wird immer noch stärker. Es ist ein System, das unter einer konstanten Denial-of-Service-Attacke steht, das vierundzwanzig Stunden pro Tag im Internet von Hackern, Agenten und anderen System angegriffen wird."

Im Sicherheitsbereich gibt es einen wirklich witzigen Begriff und zwar *Honeypot.* Ein Honeypot ist ein System, das darauf ausgelegt ist, um Hacker anzulocken. Welch größeren Honeypot könnte es geben, als ein finanzielles Netzwerk das sechs Milliarden US-Dollar beinhaltet? Wer es schafft, Bitcoin zu hacken, erhält eine Belohnung von sechs Milliarden Dollar. Niemand hat sich diese Belohnung bis jetzt abgeholt. Es wurde laufend versucht. Aber Systeme wie Bitcoin sind resilient.

Willkommen in der Zukunft des Geldes

Erinnern Sie sich, das was wir hier schaffen, ist nur keine Währung. Es ist eine Neuausrichtung der gesellschaftlichen Organisationssysteme, die uns im Stich gelassen haben. Die Hierarchiesysteme des 18. Jahrhunderts, die nicht zu einer globalen, vernetzten Welt skalieren, werden durch netzwerkbasierte, flache Architekturen ersetzt - egal, ob es sich dabei um das Internet oder eine der darauf laufenden Anwendungen oder Bitcoin selbst handelt. Währung ist bloß die erste Anwendung. Sobald es ein neutrales Netzwerk gibt, das Vertrauen herstellt, können unzählige Anwendungen darauf gebaut werden, und niemand muss um Erlaubnis gefragt werden.

Bitcoin ist viel mehr als eine Währung. Wenn ich sage, Bitcoin ist "Das Internet des Geldes", liegt die Betonung nicht auf "Geld"; die Betonung liegt auf *Internet.* Willkommen in der Zukunft des Geldes.

Vielen Dank.

Innovatoren, Disruptoren, Außenseiter und Bitcoin

Maker Faire; Henry Ford Museum, Detroit Michigan; Juli 2014

Video-Link: https://www.youtube.com/watch?v=LecUjKm408

Kurz vor Beginn dieser Präsentation zeigte das Museum dem Publikum ein Video über die Geschichte des Automobils. Um dieses Video dreht es sich öfter in diesem Vortrag.

Guten Morgen. Also das war ein lustiges Video, oder? Vor etwa einem Monat habe ich mein Auto gegen Bitcoin verkauft. Das war eine interessante Erfahrung, eine ganz neue Welt. Wie viele von Ihnen hier haben Bitcoin? Von denen die keine besitzen, wie viele von Ihnen haben von Bitcoin gehört? *95% des Publikums haben von Bitcoin gehört.* Irgendjemand hier, der noch nie von Bitcoin gehört hat? Okay, großartig, das wird um einiges einfacher als ich dachte.

Innovation erkennen

Bitcoin ist das Internet des Geldes, aber es ist viel mehr als das. Für diese Zuhörerschaft speziell und für die Leute, die hier bei der Maker-Faire sind, möchte ich über Bitcoin aus der Perspektive der Außenseiterinnen, der Verrückten, der Freaks sprechen. Den Leuten, die sich weigern, wie alle anderen zu denken. Den Leuten, die eine halb-funktionierende, elegante Technologie sehen, dabei aber nicht auf den *halb-funktionierenden*, sondern auf den *eleganten* Teil blicken. Sie erkennen Innovation. Sie erkennen Innovation nicht nur Monate oder Jahre früher als andere, sondern auch manchmal ein Jahrzehnt früher. Das ist die Sorte Mensch, die zu einer Maker Faire kommt. Daher ist dies ein großartiger Ort, um einen Vortrag über Bitcoin zu halten.

Bitcoin ist unerwartet. Bitcoin ist kein Geld, wie wir es kennen. Bitcoin hätte nicht passieren dürfen. Bitcoin hat wirklich wenig Erfolgsaussichten. Es kann unmöglich funktionieren. Es ist eines dieser Dinge, die in der Theorie nicht funktionieren, aber in der Praxis schon. Wie Wikipedia. Wie Linux. Wie das Internet. Verrückte Ideen von Menschen mit Pferdeschwänzen und Nerds. Verrückte, denen niemand wirklich vertraut.

Bitcoin hat Erfolg, weil es funktioniert. Es ist eine elegante Technologie. Ich möchte über das Wesen dieser Unangepassten sprechen. Darüber, in einen branchenüblichen Meetingraum zu gehen und zu sagen: "Wisst ihr was? Wir werden alles verändern", und von allen ausgelacht zu werden. Und dann weiter und weiter zu machen, bis sie in der Tat alles verändern. Das passiert in der Technologie die ganze Zeit. Wir vergessen es bloß. Wir ignorieren es. Wir schreiben die Geschichte in flammenden Reden um.

Die Gefahren durch Autos, Elektrizität und Bitcoin

Wir haben gerade ein Video über die ersten Autos gesehen. Wissen Sie, was die Medien damals über die ersten Autos geschrieben haben? Sie verhöhnten Autos. Sie verspotteten Autos. Autos waren langsamer als Pferde. Autos waren ständig kaputt. Autos brauchten teuren Treibstoff, der schwer zu bekommen war. Sie benötigten eine enorme Infrastruktur, um zu funktionieren. Die Medien konzentrierten sich auf den Teil der Geschichte, mit dem man die meisten Zeitungen verkaufte: Autounfälle, von Autos zerfetzte Fußgänger. Mehr als zwei Jahrzehnte lang, seit den ersten Autos, war die Geschichte, die von höllischen, ekelhaften, schmutzigen, lauten Maschinen, die Pferden weit unterlegen waren, die nirgendwo fahren konnten, die nur Verrückte nutzten und die meistens ihre Insassen und alle, die ihnen nahe kamen, töteten.

> *"Mehr als zwei Jahrzehnte lang, seit den ersten Autos, war die Geschichte, die von höllischen, ekelhaften, schmutzigen, lauten Maschinen, die Pferden weit unterlegen waren, die nirgendwo fahren konnten, die nur Verrückte nutzten und die meistens ihre Insassen und alle, die ihnen nahe kamen, töteten."*

Die Aufregung war so groß, dass in Großbritannien 1865 ein Gesetz namens *Red Flag Act* verabschiedet wurde. Der 'Red Flag Act' verlangte, dass jeder Betreiber eines Fahrzeugs drei Besatzungsmitglieder im Team hat: einen Fahrer, einen Ingenieur und einen Fahnenträger. Der Fahrer würde das Fahrzeug bedienen, der Ingenieur diesen Betrieb überwachen (erinnern Sie sich an Eisenbahnen) und der Fahnenträger würde eine rote Flagge tragen und 100 Meter vor dem Auto herlaufen, um die Fußgänger vor der bevorstehenden Ankunft einer unheilbringenden Todesmaschine zu warnen, die sie niedermähen würde.

Raten Sie mal, was mit Großbritannien passiert ist? Es verlor das Rennen um die Automobilindustrie, weil sie diese Technologie sahen, aber anstatt das Potenzial zu erkennen, ließen sie sich durch Angst leiten. Sie schufen eine Umgebung, in der ein Auto nicht die Dinge tun konnte, die ein Auto kann. Wenn Autos so langsam sein müssen wie die Person, die mit der Fahne davor herläuft, dann gehen alle Vorteile des Autos verloren. Wenn ein Auto zum Betrieb ein Team aus drei Personen benötigt, verliert das Auto all seine Vorteile. Sie versuchten, das Auto zu nutzen, betrachteten es aber aus der Perspektive von Eisenbahnen und Pferden. Sie haben versagt. Sie haben das Rennen verloren.

Was in diesem Video nicht zu sehen war, ist die Tatsache, dass Großbritannien bis zu diesem Zeitpunkt die Nase vorne hatte. Die ersten, wirklich praktischen Autos wurden in England gebaut. Die Briten hatten das Rennen während der industriellen Revolution mit der Dampfmaschine gewonnen. England war zu dieser Zeit Vorreiter der industriellen Innovation. Sie gewannen, bis sie entschieden, dass diese schmutzige Maschine auf einen sehr begrenzten Raum mit einer Reihe von Regeln beschränkt werden soll. Sie haben die Gans getötet. Es gab keine goldenen Eier mehr für sie.

"Die ersten, wirklich praktischen Autos wurden in England gebaut... England war zu dieser Zeit Vorreiter der industriellen Innovation. Sie gewannen, bis sie entschieden, dass diese schmutzige Maschine auf einen sehr begrenzten Raum mit einer Reihe von Regeln beschränkt werden soll."

Das ist lehrreich, denn das passiert in der Technik immer wieder. Als Strom zum ersten Mal in Häusern Einzug fand und die Menschen begannen, ihre Häuser zu elektrifizieren, denken Sie, dass die Medien schrieben: "Das ist brillant! Edison ist ein Genie! Das wird die Welt verändern!"? Nein. Sie sagten, es sei eine gefährliche Technologie, die ihre Häuser niederbrennen würde. Sie lieferten eine Geschichte nach der anderen über Menschen, die einen Stromschlag erleiden und über brennende Häuser.

"Als Strom zum ersten Mal in Häusern Einzug fand und die Menschen begannen, ihre Häuser zu elektrifizieren, denken Sie, dass die Medien schrieben: "Das ist brillant! Edison ist ein Genie! Das wird die Welt verändern!"? Nein. Sie sagten, es sei eine gefährliche Technologie, die ihre Häuser niederbrennen würde."

Natürlich war die Elektrizität nicht wirklich nutzbar, da das komplette Gebäude umgebaut werden musste. Es mussten Kabel verlegt werden, Kabel, die das Gebäude dann anzünden würden. Es mussten spezielle Geräte gekauft werden, um sie an die Kabel anzuschließen, kurz bevor sie das Haus niederbrennen würden. Nur die Reichen konnten sich das leisten. Es war klar, dass dies eine Technologie war, die nur eine Affektiertheit der Reichen war. Es war bloß ein Spielzeug ohne praktischen Wert.

Der Bürgermeister von Paris sagte während der Weltausstellung von 1900: "Sobald diese Ausstellung vorbei ist, wird diese Modeerscheinung der Elektrizität genauso schnell vergessen sein, wie diese Lichter ausgehen." Berühmte letzte Worte sind in der Technologie sehr verbreitet. Worte, die im Nachhinein völlig lächerlich klingen. Einige sind Großstadtmythen. Wie der Chef von IBM, der einmal sagte: "Ich sehe einen Bedarf von nur fünf Computern weltweit." Wie die Leute, die sagten, dass das Telefon nie erfolgreich sein würde.

"Berühmte letzte Worte sind in der Technologie sehr verbreitet. Worte, die im Nachhinein völlig lächerlich klingen."

Raten Sie, was die Leute über Bitcoin sagen. Sie erzählen Ihnen, dass es eine eigenartige und komplizierte Technologie ist. Eine Technologie, die sich an Drogendealer, Unangepasste, Terroristen, Verkommene, Diebe, Schwindler und Pornographen richtet. Ich sehe keinen Menschen dieser Kategorie in diesem Raum, aber seien wir vorsichtig, könnte ja sein, dass sie auftauchen.

Natürlich liegen sie falsch. Bitcoin ist nichts davon. Bitcoin ist ganz einfach eine Technologie. Technologien finden oft ihre erste Anwendung in den Händen

Krimineller. Die ersten Autos wurden als Fluchtfahrzeuge verwendet. Die ersten Telefone wurden benützt, um Verschwörungen anzuzetteln. Die ersten Telegramme wurden für Postbetrug und Pyramidenspiele verwendet. Die ersten Formen von Strom dienten als Basis für medizinische Schwindeleien und Betrug. Diese Dinge ereignen sich immer bei einer neuen Technologie, und sie passieren auch bei Bitcoin.

> *"Bitcoin ist ganz einfach eine Technologie. Technologien finden oft ihre erste Anwendung in den Händen Krimineller. Die ersten Autos wurden als Fluchtfahrzeuge verwendet... Kriminelle nutzen die neueste Technologie, weil sie in einem Umfeld mit sehr hohen Gewinnmargen und sehr hohem Risiko operieren."*

Warum glauben Sie, verwenden Kriminelle Technologien wie diese? Wir können moralisch spielen oder uns die wahren Gründe dahinter ansehen. Kriminelle nutzen die neueste Technologie, weil sie in einem Bereich mit sehr hohen Gewinnmargen und sehr hohem Risiko operieren. In diesem Umfeld ist der Wettbewerb hart. Modernste Technologien einzusetzen, wenn das Risiko so oder so enorm ist, ist keine große Sache mehr. Und wer gewinnt, zieht einen riesigen Gewinn daraus. Die gesamte Geschichte hindurch wandten Kriminelle als erste die faszinierendsten Technologien an. Ich denke nicht, dass wir diese Strategie unbedingt auf den Bitcoin-Marketingplan setzen müssen, aber es ist interessant zu sehen, was Kriminelle verwenden und wie das dann ein Jahrzehnt später zum Mainstream wird. Da gibt es eine gewisse Dynamik.

Bitcoin ist bereits weit über das Anfangsstadium hinausgewachsen und ist nicht mehr in der Hand von Kriminellen. Genau gesehen, war es das eigentlich nie, egal was die Medien sagten. Jetzt erreicht Bitcoin den Mainstream und die Dinge verändern sich sehr schnell.

"Mit Bitcoin als Technologie, passiert gerade etwas sehr Aufregendes. Es wird unser Finanz- und Bankensystem ebenso sehr erschüttern, wie Autos die Pferdeindustrie, wie Öl die Walfangindustrie, wie Strom die Holzofenindustrie."

Heute werde ich über Bitcoin als Technologie sprechen, denn etwas sehr Aufregendes passiert gerade. Es wird unser Finanz- und Bankensystem ebenso sehr erschüttern, wie Autos die Pferdeindustrie, wie Öl die Walfangindustrie, wie Strom die Holzofenindustrie. Das Bankwesen steht kurz davor zerstört und von Grund auf verändert zu werden. Das geschieht vermutlich schon jetzt. Wenn die Banken herausfinden, wie ernst diese Erschütterung wirklich ist, wird es bereits zu spät sein. Das ist meistens der Fall.

Reaktionen der Etablierten auf Innovation

Wenn etablierte, erstarrte Industrien eine neue disruptive Technologie sehen, ignorieren sie sie, da sie unmöglich eine Bedrohung darstellen kann. Vom hohen Ross der Mächtigen, aus der Perspektive der etablierten und monopolistischen Unternehmen, sehen diese Bedrohungen wie kleine spielende Kinder aus. Für JPMorgan Chase ist Bitcoin wie ein Limonadenstand, der es mit Walmart aufnimmt. Existiert die Technologie weiter, gehen sie zur nächsten Phase über und machen die Technologie lächerlich. Plötzlich begegnet sie ihnen überall und sie reißen Witze darüber. Genauso wie die ersten Autobesitzer verspottet wurden. Sie wurden immer auf den Knien mit einem Schraubenschlüssel dargestellt beim Versuch, ihre wieder ausgefallene Maschine zu reparieren. Das war in den ersten Jahren das Bild eines Automobilbesitzers.

Während sie Bitcoin verspotten, wächst es weiter und wird besser. Eine Weile später, verändert sich die Lage. Zu Beginn verkünden einige der Branchenführer, "Hört, vielleicht sollten wir mit dieser Technologie experimentieren. Vielleicht sollten wir uns das genauer ansehen." Daraufhin gibt es eine Massenpanik, denn plötzlich erkennen alle, *dies wird unsere Branche für immer verändern.*

Dann ist es zu spät. Dann sind sie Kodak: von der Nummer eins der Welt zum Verlust einer zwölf Milliarden Dollar schweren Industrie, in nur drei Jahren. Eine Industrie, die Kodak unter den Füßen weggerissen wurde, von einem Unternehmen, von dem sie noch nie zuvor gehört hatten. Ein Unternehmen, das nicht einmal Kameras herstellte. Wissen Sie, wer Kodak zerstört hat? Ein kleines finnisches Unternehmen namens Nokia, von dem sie noch nie gehört hatten. Ein Unternehmen, das keine Kameras produzierte – bis sie damit anfingen. Innerhalb von drei Jahren stellten sie eine halbe Milliarde Kameras her und zerstörten Kodak. Tower Records hat die Musikindustrie dominiert. Innerhalb von vier Jahren waren sie verschwunden. Warum? Weil MP3 den Menschen eine Alternative gab.

IBM war früher die unerschütterlichste Computerfirma. Sie garantierte Qualität. Der Kauf von etwas anderem als IBM war ein sicheres Zeichen dafür, dass man ein Loser ist. Dann kam Linux. Linux erschütterte IBM bis ins Mark, da es die Grundidee unterwanderte, dass man IBM brauchte, um qualitativ hochwertige Technik für die so wichtigen Aufgaben des Bankwesens, der Ingenieure und Behörden zu liefern. Dafür brauchten sie ein geschlossenes, kontrolliertes, sorgfältig organisiertes System, das von seriösen Ingenieuren mit Doktortitel entwickelt wurde.

Als Linus Torvalds 1992 sagte: "Ich werde in meinem Wohnheim ein Betriebssystem bauen, weil ich es mir nicht leisten kann, ein Betriebssystem zu kaufen", erschien diese Idee völlig absurd. Betriebssysteme waren riesige, sehr komplexe Konstrukte, die tausende Ingenieure zur Entwicklung benötigten. Linus Torvalds begann simpel; er erstellte ein Betriebssystem. Sechs Jahre später hatte Linux begonnen, die Computerindustrie zu dominieren, und Sun Microsystems begann, den Druck zu spüren. Acht Jahre später ging Sun Microsystems in Konkurs, HP wurde gekauft, ihre Computerabteilung schloss, und IBM stieg aus dem Geschäft mit PCs aus.

80% der Mobiltelefone weltweit laufen auf Android – was, nebenbei erwähnt, auch Linux ist. Die Server, mit denen sie verbunden sind, laufen mit Linux. Unsere Banken nutzen Linux. Die Unterhaltungsindustrie läuft mit Linux. Unsere Autos laufen auf Linux. Man merkt immer rasch, wenn sie aufhören, Linux zu nutzen: wenn ein kleiner blauer Screen erscheint, der uns begrüßt und sagt, *Ohje. Tut uns leid. Abgestürzt. Falsche Wahl des Betriebssystems.* Sie steigen ins Flugzeug, das Unterhaltungssystem startet, Linux läuft. Wenn Sie vor fünfzehn Jahren einem IBM Ingenieur gesagt hätten: "Ihr werdet von einem Betriebssystem zerstört werden, das ein finnischer Student in seinem Wohnheim programmiert", hätte er Sie ausgelacht.

"Wenn Sie vor fünfzehn Jahren einem IBM Ingenieur gesagt hätten: 'Ihr werdet von einem Betriebssystem zerstört werden, das ein finnischer Student in seinem Wohnheim programmiert', hätte er Sie ausgelacht."

Hier sind wir heute und Bitcoin übernimmt das gesamte Bankensystem, die mächtigste Branche der Welt. Wissen Sie was? Bitcoin wird gewinnen. Es wird aus einem ganz einfachen Grund gewinnen. Es wird nicht nur gewinnen, weil es besser ist. Es wird nicht nur gewinnen, weil das Bankensystem von Gangstern, Gaunern und einigen der unmoralischsten Anzugträger der Welt regiert wird. Es wird nicht nur gewinnen, weil das Bankensystem die letzten fünfzig Jahre damit verbracht hat, nur zwei Verbraucherinnovationen zu liefern - Geldautomaten und Kreditkarten - und dann den Rest der Zeit damit verbracht hat, herauszufinden, wie man die Leute abzockt. Es wird gewinnen, weil es offen ist. In einer Welt der Bastler, der Designerinnen und der Produzenten gewinnt *Offenheit*. Der Grund, warum es gewinnt, ist, dass es Innovationen an den Schnittstellen gedeihen lässt.

"Bitcoin wird gewinnen, weil es offen ist. In einer Welt der Bastler, der Designerinnen und der Produzenten gewinnt Offenheit. Der Grund, warum es gewinnt, ist, dass es Innovationen an den Schnittstellen gedeihen lässt."

Offene Innovation und Opt-In-Systeme

Lassen Sie mich erklären, was ich damit meine. Jedes einzelne Finanzsystem der Welt hat ein Sicherheits- und Vertrauensmodell, das den Ausschluss schlechter Akteure erfordert. Ich kann mich nicht mit dem Visa-Netzwerk verbinden, um darin zu programmieren, denn das würde die Sicherheit des Visa-Netzwerkes gefährden. Ich kann mich nicht mit dem SWIFT-Netzwerk, dem weltweiten Interbanken-Übertragungsnetz, verbinden, da dies die Sicherheit dieses Netzwerks gefährden würde. All diese Netzwerke sind geschlossen, da ihre Sicherheit einzig auf Zugangskontrolle basiert. Jede einzelne Person, die Zugang hat und den Code angreift, wird sehr sorgfältig überprüft. Alle Anwendungen, die auf diesem

System laufen, werden sehr sorgfältig überprüft, denn wenn sie einen schlechten Akteur in das Zentrum des Systems lassen, ist diese Sicherheit weg. Dieser eine schlechte Akteur könnte übernehmen und tun, was er will. 2008 haben wir natürlich festgestellt, dass die schlechten Akteure die Banken besitzen. Und sie haben die Kontrolle übernommen. Sie trieben Millionen Hausbesitzer, Millionen Rentnerinnen und Millionen Sparerinnen auf der ganzen Welt mit ihrer Gier in den Ruin.

> *"Bitcoin ist anders, denn es ist nicht von Zugangskontrollen abhängig, um sicher zu bleiben. Es beruht auf einer einfachen mathematischen Formel von Anreizen und Belohnungen."*

Bitcoin ist anders. Der Grund, warum es anders ist, ist nicht, weil wir plötzlich die ehrlichsten Menschen der Welt gefunden haben. Oder weil Bitcoin keine Macken hat. Oder weil das Netzwerk nicht angegriffen wird. Bitcoin ist anders, weil es bei Bitcoin viele Gauner gibt — das Netzwerk wird ständig angegriffen -- aber es ist nicht von Zugriffskontrollen abhängig, um sicher zu bleiben. Es beruht auf einer einfachen mathematischen Formel von Anreizen und Belohnungen. Um am Bitcoin-Netzwerk teilzunehmen und das Netzwerk als Miner abzusichern, was eine spezielle Funktion bei Bitcoin ist, müssen enorme Rechenleistungen und sehr viel Strom genutzt werden. Wenn Sie diesen Wettbewerb gewinnen, bekommen Sie Bitcoin als Belohnung. Diese einfache Gleichung schafft ein System von Anreizen, in dem es viel besser ist *nach* den Regeln zu spielen als gegen die Regeln. Es ist Spieltheorie. Es ist wie ein riesiges Sudoku-Spiel.

Wer das aus der Perspektive von Informatikerinnen oder Bankern betrachtet, sagt: "Das kann unmöglich funktionieren. Wie meinen Sie, es ist ein riesiges Sudoku-Spiel und alle konkurrieren gegeneinander? Das ist nicht die Grundlage eines Sicherheitssystems. Das würde uns ins Chaos stürzen." Es ist wie "Was heißt das, eine Enzyklopädie, die jeder bearbeiten kann? Das würde und ins Chaos stürzen." — sagten die Leute von der Encyclopedia Britannica. Wenn Sie unter vierzig Jahren alt sind, haben Sie davon noch nie gehört.

Bitcoin ist ein komplett offenes Netzwerk. Jede Person kann sich damit verbinden. Sie können jetzt sofort eine Anwendung schreiben, sie mit dem Bitcoin-Netzwerk verbinden und ihr beibringen etwas Neues zu tun. Sie können eine neue Finanzdienstleistung schreiben. Sie können ein neues Finanzinstrument programmieren. Dabei müssen Sie sich nicht gegenüber dem Bitcoin-Netzwerk identifizieren, Sie müssen niemanden um Erlaubnis bitten. Sie müssen nicht überprüft werden. Sie müssen nicht abgesichert werden. Das Netzwerk fürchtet niemanden, weil seine Sicherheit nicht vom Fernhalten schlechter Akteure abhängt. Genau gesagt, funktioniert Bitcoin sehr gut mit vielen schlechten Akteuren mitten im Kern des Systems, weil es keinen Kern im System gibt. Es gibt kein Zentrum. Es ist ein vollständig dezentrales System. Was passiert, wenn man ein Netzwerk schafft, in dem offener Zugang zu Finanzdienstleistungen möglich ist? Mit dem sich zum ersten Mal in der Geschichte, alle verbinden und eine Anwendung schreiben können?

"Bitcoin ist das Internet des Geldes und Währung ist bloß die erste Anwendung."

Bitcoin ist mehr als nur Währung. Das ist wirklich wichtig. Währung ist eine Anwendung, die auf dem Bitcoin-Netzwerk läuft. Bitcoin ist das Internet des Geldes und Währung ist bloß die erste Anwendung. Heute gibt es Tausende Firmen, die die nächste Anwendung schreiben. Diese Unternehmen stellen zehntausende Menschen ein, in einer der dynamischsten Branchen, die wir in den letzten zwei Jahrzehnten gesehen haben. 2014 werden Bitcoin-Startups mehr als 250 Millionen US-Dollar an Investitionen erhalten. Bemerkenswert ist, dass diese Investitionsrate viel höher ist als bei den Investitionen in das Internet im Jahr 1995. Wir sind der Zeit voraus. Bitcoin wächst schneller als Twitter es in den ersten drei Jahren getan hat. Bitcoin wächst schneller als Facebook in den ersten Jahren wuchs. Der Grund dafür ist, dass sich jetzt jede Außenseiterin, jeder Spinner, Freak oder jede Programmiererin von überall auf der Welt mit Bitcoin verbinden kann, ohne irgendjemanden um Erlaubnis zu fragen, und aus ihren verrückten Ideen ein neues Finanzinstrument bauen kann. Eine neue Bankanwendung. Eine neue Einkaufsanwendung. Eine neue Treuhandanwendung. Und genau das machen die Leute. Sie kreieren Dinge, die innovativ, neu und brillant sind. Dinge, die im Bankwesen noch nie existiert haben. Dinge, die das erste Planungstreffen einer durchschnittlichen Bank nicht überstehen, weil man sie sofort abdrehen würde.

"Wenn diese beiden Umgebungen nebeneinander laufen -- die Banken Umgebung, in der alles Erlaubnis erfordert, die sehr wahrscheinlich nicht gewährt wird und ein System, das völlig offen ist, in dem Innovationen an den Schnittstellen und ohne Erlaubnis möglich sind -- raten Sie, wer gewinnt. Raten Sie, wo all die spannenden Dinge passieren."

Wenn diese beiden Umgebungen nebeneinander laufen -- die Banken Umgebung, in der alles Erlaubnis erfordert, die sehr wahrscheinlich nicht gewährt wird und ein System, das völlig offen ist, in dem Innovationen an den Schnittstellen und ohne Erlaubnis möglich sind -- raten Sie, wer gewinnt. Raten Sie, wo all die spannenden Dinge passieren. Raten Sie, wo all die Innovation passiert. Diese Innovation, dient den Konsumenten und Nutzer/innen.

"Bitcoin ist ein Opt-In-System. Sie entscheiden, ob Sie es nutzen. Sie entscheiden, welche Anwendungen Sie verwenden. Sie bestimmen, mit wem Sie interagieren. Sie wählen die Regeln des Spiels, nach dem Sie spielen wollen. Deshalb wird Bitcoin gewinnen. Es bietet Innovationen, die Konsumentinnen und Nutzer wollen und brauchen."

Niemand setzt sich auf Bitcoin und sucht einen Weg, einen hochfrequenten Handelsalgorithmus laufen zu lassen, um drei Mikrocent vier Mikrosekunden schneller als die andere riesige Bank, die mit Algorithmen herumspielt, heraus zu pressen. Niemand versucht einen Weg zu finden, Sie bei Ihrem Überziehungskredit zu betrügen, die Innovation einer der großen Banken, etwa im Jahr 2007. Sie hatten die Idee, wenn Kunden sich dem Überziehungslimit näherten, anstatt zuerst große Transaktionen abzuwickeln, die Reihenfolge der Transaktionen umzudrehen und einen Haufen kleinere laufen zu lassen, sodass für jede von ihnen eine 25-Dollar-Gebühr fällig wurde und sie so ihre Gebühren maximieren konnten. Das ist die Art von Innovation, auf die sie sich konzentriert haben. Ihre Art von Innovation war, mehr Wege zu finden, um ihre Kunden zu betrügen.

Bei Bitcoin gibt es diese Art der Innovation nicht. Der Grund dafür ist, dass bei Bitcoin niemand dazu gezwungen werden kann, eine bestimmte Anwendung zu verwenden. Haben Sie Ihr Konto bei einer großen Bank, dann ist es *deren* Netzwerk, deren Richtlinien, Sie verwenden deren Bankkarte, spielen nach deren Regeln und wenn es Ihnen nicht gefällt, können Sie zu einer anderen Bank gehen und herausfinden, dass sie alle gleich sind. Bitcoin ist ein Opt-In-System. Sie entscheiden, ob Sie es nutzen. Sie entscheiden, welche Anwendungen Sie verwenden. Sie bestimmen, mit wem Sie interagieren. Sie wählen die Regeln des Spiels, nach dem Sie spielen wollen. Sie mögen eine Anwendung nicht? Also laden Sie sie nicht auf Ihr Smartphone. Wenn Ihnen eine Anwendung gefällt, installieren Sie sie und erzählen Ihrem Freundeskreis davon. Deshalb wird Bitcoin gewinnen. Es bietet Innovationen, die Konsument/innen und Nutzer wollen und brauchen.

Sechseinhalb Milliarden Menschen in eine globale Wirtschaft inkludieren

Es gibt einen weiteren Grund, warum Bitcoin gewinnen wird. Es besteht ein massives Ungleichgewicht, das den meisten Menschen hier nicht bewußt ist. Jede Person in diesem Raum hat Zugang zu einem Bankkonto ohne Währungskontrollen. Ein Bankkonto, mit dem jede Währung dieser Welt verkauft und gekauft werden kann. Ein Bankkonto, mit dem Geld, egal wohin auf der Welt, verschickt werden kann. Ein Bankkonto, mit dem der Zugang zu internationalen Märkten wie der Tokioter Börse oder der Deutschen Börse möglich ist. Ein Markt, wo die Menschen Zugang zu Krediten und Liquidität haben. Autokredite und Hypotheken. Ein leistungsfähiges Bankkonto. Diese Macht besitzen etwa eine Milliarde Menschen auf diesem Planeten. Eine Milliarde Menschen haben Zugang zu vollwertigen, internationalen, hoch liquiden Bankdienstleistungen.

Es gibt zwei Milliarden Menschen, die überhaupt kein Bankkonto haben. Es gibt weitere vier Milliarden Menschen, die nur sehr limitierten Zugang zum Bankwesen haben. Ein Bankkonto ohne internationale Währungen, Bankgeschäfte, ohne internationale Märkte, ohne Liquidität. Bei Bitcoin geht es nicht um die eine Milliarde. Bei Bitcoin dreht sich alles um die anderen sechseinhalb Milliarden. Um die Menschen, die derzeit von internationalen Bankgeschäften abgeschnitten sind. Was glauben Sie passiert, wenn plötzlich ein einfaches SMS Telefon in der Mitte einer ländlichen Gegend in Nigeria, verbunden mit einem Solarpanel, in ein Bankterminal verwandelt wird? In ein Western Union Überweisungsterminal? In ein internationales Kreditausgabesystem? Eine Börse? Eine Börsengang-Maschine? Zuerst, nichts, aber geben Sie dem ein paar Jahre.

Wir haben erlebt, was mit der Entwicklung der Mobilfunktechnologie passiert, die in Afrika schneller eingesetzt wurde als jede andere Technologie in der Geschichte der Menschheit. Es gibt kleine Dörfer, ohne fließendes Wasser, mit Holzfeuer zum Kochen und ohne Strom — und doch gibt es ein kleines Solarmodul auf dem Dach einer Lehmhütte und dieses Solarmodul ist nicht für Licht da. Es ist da, um ein Nokia 1000 Feature-Handy aufzuladen. Dieses Telefon liefert Wetterberichte, Getreidepreise auf dem lokalen Markt und verbindet sie mit der Welt. Was passiert, wenn das Telefon eine Bank wird? Denn mit Bitcoin kann es eine Bank sein. Was passiert, wenn man sechseinhalb Milliarden Menschen mit der Weltwirtschaft verbindet, ohne jegliche Zugangsbarrieren?

> *"Was passiert, wenn man sechseinhalb Milliarden Menschen mit der Weltwirtschaft verbindet, ohne jegliche Zugangsbarrieren?"*

Geldsendungen, Auswirkungen auf das Leben auf der ganzen Welt

Bitcoin ist mehr als nur Währung. Bitcoin ist das Internet des Geldes. Als Technologie kann sie Milliarden von Menschen auf der ganzen Welt wirtschaftliche Integration und Selbstbestimmung bringen. Ich nenne Ihnen ein Beispiel für eine spezifische Anwendung, die das Leben von mehr als einer Milliarde Menschen in den nächsten fünf bis zehn Jahren grundlegend verändern wird.

Jeden Tag löst ein Immigrant irgendwo seinen Gehaltsscheck ein und steht Schlange, um 50% dieses Gehaltsschecks in sein Heimatland zurück zu überweisen, um seine Großfamilie zu ernähren. Hier in den USA haben sechzig Millionen Menschen kein Bankkonto, doch sie lösen ihre Gehaltsschecks ein und schicken sie ins Ausland. Insgesamt werden weltweit 550 Milliarden Dollar pro Jahr als Überweisungen aus Ländern der ersten Welt übertragen. Ein Großteil dieses Geldes wird an fünf wichtige Ziele geschickt: Mexiko, Indien, die Philippinen, Indonesien und China. An einigen dieser Orte machen Überweisungen bis zu 40% der lokalen Wirtschaft aus. Auf diesem Geldfluss von 550 Milliarden Dollar sitzen Unternehmen wie Western Union und sie verrechnen im Durchschnitt 9% Provision für jede einzelne Transaktion, die sie aus den Taschen der ärmsten Menschen der Welt kassieren.

"Stellen Sie sich vor, was passiert, wenn eines Tages einer dieser Einwanderer herausfindet, dass mit Bitcoin Geld in das Heimatland gesendet werden kann — nicht für fünfzehn Prozent, nicht zehn Prozent, nicht fünf Prozent, sondern für fünf Cent. Nicht als Prozentsatz; sondern eine Pauschalgebühr."

Stellen Sie sich vor, was passiert, wenn eines Tages einer dieser Einwanderer herausfindet, dass mit Bitcoin Geld in das Heimatland gesendet werden kann — nicht für 15%, nicht 10%, nicht 5%, sondern für 5 Cent. Nicht als Prozentsatz; sondern eine Pauschalgebühr. Was geschieht, wenn sie das tun können? Und das können sie jetzt schon. Es gibt ein Startup-Unternehmen, das Überweisungen zwischen den USA und den Philippinen abwickelt. Sie machen nur ein paar Millionen Dollar, aber sie werden wachsen. Hinter diesem Damm liegen 500 Milliarden Dollar. Wenn Sie eine Einwandererin sind und Ihre finanzielle Zukunft ändern können und keine 9% mehr zahlen, um Geld nach Hause zu schicken, dann stellen Sie sich vor, was passiert, wenn Sie jeden Monat, statt 91 Dollar, 100 Dollar nach Hause schicken. Das macht einen Unterschied. Eine Milliarde Menschen könnten jetzt schon ihre Feature-Telefone und das Internet nutzen, um Bitcoin als internationalen Geldüberweisungsdienst zu verwenden.

Bitcoin wird die Welt verändern

Zusammenfassend lässt sich sagen, dass Bitcoin die aufregendste Technologie ist, die ich je gesehen habe. Ich war 1989 als Jugendlicher im Internet. Ich wusste, dass es die Welt verändern würde, lange bevor die meisten Leute es herausgefunden haben. Ich sagte allen um mich herum: "Wir werden damit einkaufen. Wir werden damit unsere Bankgeschäfte tätigen." Die Reaktionen der Menschen waren ziemlich vorhersehbar: "Ja, Andreas, mach deine Hausaufgaben und mach dein Zimmer sauber." Als ich zum ersten Mal Linux sah, sagte ich: "Wow, das wird die Betriebssysteme für immer verändern. IBM wird untergehen." Alle lachten mich aus. Als ich den ersten Webbrowser und die erste Website sah, sagte ich: "Jedes einzelne Unternehmen in Amerika wird innerhalb eines Jahrzehnts eine Website haben." Alle lachten mich aus. Nun, lassen Sie mich etwas sagen. Ich weiß nicht, was mit Bitcoin passieren wird, aber ich weiß, dass die zugrundeliegende Erfindung — ein System digitaler Währungen, ohne Banken, ohne Regierungen, ohne zentrale Kontrolle und für alle ohne Erlaubnis verfügbar — die Welt verändern wird.

Vielen Dank.

Dumme Netzwerke, Innovation und das Festival der Gemeingüter

O'Reilly Radar Summit; San Francisco, Kalifornien; Januar 2015

Video-Link: https://www.youtube.com/watch?v=x8FCRZ0BUCw

Zu Beginn des Videos dankt Andreas O'Reilly für die Zustimmung sein Buch "Mastering Bitcoin" unter einer Open-Source-Lizenz zu veröffentlichen. Er dankt dem Publikum und der ganzen Community, die mitgeholfen hat, das Buch zu schreiben. Es ist verfügbar auf Github, Amazon und auf bitcoinbook.info

Heute werde ich über dumme Netzwerke und über intelligente Netzwerke sprechen. Ich werde über den Nutzen von Open-Source in der Finanzwelt sprechen. Und ich werde über das 'Festival der Gemeingüter' sprechen.

> *"Bitcoin ist eine Währung, ein Netzwerk, eine Technologie. Das ist nicht zu trennen."*

Bitcoin ist eine Währung. Bitcoin ist ein Netzwerk. Bitcoin ist eine Technologie. Das ist nicht zu trennen. Ein Konsensnetzwerk, das seinen Wert aus Währung bezieht, funktioniert nicht ohne Währung. Eine Blockchain ist ohne wertvolle Währung dahinter nicht machbar und die Währung funktioniert nicht ohne das Netzwerk. Bitcoin ist beides. Es ist die Verschmelzung eines partizipatorischen Konsensnetzwerks mit einer globalen, grenzenlosen Währung, die fungibel, schnell und sicher ist. Heute spreche ich ein wenig über das Bitcoin-Netzwerk und konzentriere mich auf ein Konzept, das einige Parallelen zum frühen Internet hat.

Intelligente und dumme Netzwerke

Bitcoin ist kein intelligentes Netzwerk. Bitcoin ist ein dummes Netzwerk. Es ist wirklich ein dummes Netzwerk. Es ist ein dummes, transaktionsverarbeitendes Netzwerk. Es ist ein dummes Netzwerk, um eine sehr einfache Skriptsprache zu verifizieren. Es bietet keine vollständige Palette an Finanzdienstleistungen und Produkten. Es sind keine Automatisierungen oder unglaublich tolle Funktionen eingebaut.

"Bitcoin ist einfach ein dummes Netzwerk. Das ist eine seiner stärksten und wichtigsten Eigenschaften."

Bitcoin ist einfach ein dummes Netzwerk. Das ist eine seiner stärksten und wichtigsten Eigenschaften. Wenn ein Netzwerk und Netzwerk-Systeme entworfen werden, dann ist eine der wichtigsten Fragen diese: soll es ein dummes Netzwerk, das intelligente Geräte unterstützt sein? Oder ein intelligentes Netzwerk, das dumme Geräte unterstützt?

Das intelligente Netzwerk – Telefone

Das Telefonnetz war ein sehr intelligentes Netzwerk. Das Telefon am Ende des Netzes war ein sehr einfach konstruiertes Gerät. Ein Impulswahltelefon hatte vielleicht vier elektronische Komponenten. Es war im Grunde ein Schalter an einer Leitung mit einem angeschlossenen Lautsprecher am Ende. Man konnte wählen, indem man den Hörer schnell genug auflegte und abhob.

Das Telefon war ein dummes Gerät; es verfügte über keinerlei Intelligenz. Alles was das Telefonnetz konnte, lief *im* Netzwerk. Die Anrufer-ID war eine Netzwerkfunktion. Anklopfen war eine Netzwerkfunktion. Wenn die Anwendungserfahrung verbessert wurde, musste das Netzwerk aufgerüstet werden, an den Apparaten wurde nichts verändert. Das war damals eine kritische Designentscheidung. Es herrschte die Ansicht, dass intelligente Netzwerke besser seien, weil man für diese fantastischen Services nur das Netzwerk aufrüsten musste.

"Resultat eines intelligenten Netzwerkdesigns ist, dass Innovation nur dann stattfindet, wenn alle Teilnehmenden am Netzwerk eine neue Funktion benötigen, wenn die Aufrüstung so wichtig ist, um dafür die Funktion des gesamten Netzwerks zu stören."

Es gibt einen kleinen Nachteil bei intelligenten Netzwerken. Sie müssen von innen nach außen aufgerüstet werden. Das bedeutet, dass Innovation zentral stattfindet, durch einen Akteur und sie erfordert Erlaubnis. Ergebnis eines intelligenten

Netzwerkdesigns ist, dass Innovation nur dann stattfindet, wenn alle Teilnehmenden am Netzwerk eine neue Funktion benötigen, wenn die Aufrüstung so wichtig ist, um dafür die Funktion des gesamten Netzwerks zu stören.

Das dumme Netzwerk – Internet

Das Internet ist ein dummes Netzwerk. Es ist strohdumm. Alles was es kann, ist Daten von *A* nach *B* zu bewegen. Es weiß nicht, welche Daten das sind. Es kann zwischen einem Skype Anruf und einer Webseite nicht differenzieren. Es weiß nicht, ob das Gerät am Ende ein Desktop Computer, ein Mobiltelefon, ein Staubsauger, ein Kühlschrank oder ein Auto ist. Es weiß nicht, ob dieses Gerät leistungsstark ist oder nicht. Ob es Multimedia kann oder nicht. Es weiß es nicht und es ist ihm egal.

> *"Um eine neue Anwendung in einem dummen Netzwerk zu starten oder auszubauen, muss die Innovation nur an den äußeren Endpunkten hinzugefügt werden. Da ein dummes Netzwerk smarte Geräte unterstützen kann, muss nichts im Netzwerk verändert werden."*

Um eine neue Anwendung in einem dummen Netzwerk zu starten oder auszubauen, muss die Innovation nur an den äußeren Endpunkten hinzugefügt werden. Da ein dummes Netzwerk smarte Geräte unterstützen kann, muss nichts im Netzwerk verändert werden. Befindet sich die Intelligenz an den Endstellen des Netzwerks und nicht im Zentrum, dann kann eine Anwendung, die fünf Teilnehmende hat, aufgerüstet werden, denn diese fünf müssen nur ihre Geräte upgraden. Das dumme Netzwerk wird die Daten transportieren, denn es kennt den Unterschied nicht und es ist ihm gleichgültig.

Bitcoins dummes Netzwerk

Bitcoin ist ein dummes Netzwerk, das sehr intelligente Geräte unterstützt. Das ist ein unglaublich starkes Konzept. Bei Bitcoin liegt die gesamte Intelligenz an den Außengrenzen des Netzwerks.

Das Bitcoin-Netzwerk kümmert sich nicht darum, ob eine Bitcoin-Adresse die Adresse eines Multimillionärs, einer Zentralbank, eines Smart Contracts, eines Geräts oder die Adresse eines Menschen ist. Es hat keine Ahnung. Es ist ihm egal, ob die Transaktion viel Geld verschiebt oder ganz wenig. Es ist ihm egal, ob die Adresse in Kuala Lumpur oder in der Innenstadt von New York ist. Es weiß es nicht und es ist ihm egal.

Es bewegt Geld von einer Adresse zur anderen, basierend auf einem einfachen Locking-Skript. Das bedeutet, wenn Sie eine neue Anwendung auf dem Bitcoin-Netzwerk erstellen wollen, können Sie die Geräte aufrüsten und die Anwendung bauen. Sie müssen niemanden um Erlaubnis bitten, um innovativ sein zu können. Schreiben Sie die App, starten Sie sie auf ihrem Endpunkt und Bitcoin wird senden, weil Bitcoin ein einfach gestricktes Netzwerk ist.

Das ist die Kraft der Innovation im Internet. Es ist erlaubnisfreie Innovation. Es ist Innovation ohne zentrale Genehmigung. Es ist Innovation ohne breitem Netzwerk-Upgrade. Das bedeutet, Bitcoin ist kein spezifisches Finanznetzwerk. Es ist kein Finanznetzwerk für große oder kleine Transaktionen, schnelle oder langsame Transaktionen. Es ist alles, wofür Sie es nutzen wollen, es kommt nur darauf an, was Sie am Endpunkt ausführen.

Vergleichen wir das mit dem aktuellen Bankensystem. Das derzeitige Bankensystem ist um sehr intelligente Netzwerke herum aufgebaut, es wird sehr streng kontrolliert, um sehr spezifische Anwendungen an die sehr dummen Endpunkte zu liefern. Selbst mit dem ausgeklügeltsten Online-Banking bekommen Sie von der Bank nur Zugang zu ein paar HTML Seiten mit voreingestellten Services. Es gibt keine Schnittstellen, keine Möglichkeit zusätzliche Anwendungen laufen zu lassen, keine Möglichkeit aufzurüsten oder zu innovieren außer das gesamte Netzwerk wird geändert, um Ihre neue Anwendung zu unterstützen.
Das aktuelle System hat Netzwerke für große Zahlungen, kleine Zahlungen oder schnelle Zahlungen, aber nicht alles zusammen. Bitcoin ist alles zusammen, denn es diskriminiert nicht, es ist neutral und es kümmert sich nicht darum, es ist dumm.

"Das aktuelle System hat Netzwerke für große Zahlungen, kleine Zahlungen oder schnelle Zahlungen, aber nicht alles zusammen. Bitcoin ist alles zusammen, denn es diskriminiert nicht, es ist neutral und es kümmert sich nicht darum, es ist dumm."

Die Fähigkeit, die Intelligenz an den Außenpunkten zu platzieren und Entscheidungen nicht zentral zu treffen, bringt den Nutzern und Konsumentinnen die Möglichkeit eigene Anwendungen zu entwickeln, die so nischig sind, dass nur eine Handvoll Menschen weltweit sie benötigt. Dazu muss niemand um Erlaubnis gefragt werden.

Die Tragödie der Allmende

Es gibt noch etwas, was bei Bitcoin wirklich einzigartig ist und es ist einer der Gründe, dass es immer noch besteht und weiterhin über die zentralisierten, geschlossenen Netzwerke der Vergangenheit siegt. Bitcoin ist Open-Source, besitzt offene Standards und ist ein offenes Netzwerk.

Eines der Schlüsselkonzepte der Ökonomie ist die Idee der Tragödie der Allmende. Diese tritt bei einer gemeinsamen Ressource auf, die von allen Beteiligten unbegrenzt genutzt werden kann, bis die Ressource erschöpft ist und das gesamte System zusammenbricht. Es ist eine Form des Marktversagens, die den Namen Tragödie der Allmende trägt. Das gängigste Beispiel dafür sind Gemeingüter, wie im alten britischen Sinn, eine große Grünfläche. Ein Feld, auf dem alle ihr Vieh weiden lassen. Wenn alle rücksichtslos agieren, ist das Ergebnis bald eine schlammige Grube ohne Vieh. Die Ressource ist erschöpft, weil sie von allen überweidet wird.

Festival der Gemeingüter

Bitcoin leidet nicht unter der Tragödie der Allmende, wie sie bei den meisten finanziellen Netzwerken herrscht. Ich kann in einem fremden Netzwerk nicht innovativ sein. Wenn Visa innoviert, gewinnt nur Visa. Wenn MasterCard innoviert, gewinnt nur MasterCard. Wenn eine Funktion in SWIFT bereitgestellt wird, erhalte ich sie als Verbraucher nicht. Wenn die Bank of America etwas Neues und Raffiniertes erfindet, ist es kompetitiv und unter Ausschluss jeder anderen Bank, die diese Funktion nicht implementiert hat.

Bitcoin ist eine gemeinsame Ressource, deren Nutzung den Wert dieser Ressource erhöht, ohne jemanden auszuschließen. Wenn ein Unternehmen ein neues Feature erstellt, das bei Bitcoin mit einer Open-Source-Lizenz verwendet werden kann, dann kann diese Funktion von allen im Ökosystem genutzt werden. Das heißt, die Innovation bereichert alle im Netzwerk.

Wenn ein Unternehmen Geld in Bitcoin, das Protokoll, investiert, dann profitiert das Unternehmen, aber auch alle anderen. Spielen Sie in der Bitcoin-Sphäre, profitieren Sie von den Investitionen aller anderen in diesem Bereich. Es kommt also mehrfach zurück. Das Ergebnis ist diese wunderbare Synergie, in der jede Technologie-Investition eines Unternehmens ein Fortschritt für alle anderen ist. Es ist kein Ausschlussprinzip, statt einer Tragödie der Allmende existiert bei

Bitcoin ein Festival der Gemeingüter. Ein Gemeingut, das besser wird, wenn mehr Unternehmen es nutzen.

> *"Es ist kein Ausschlussprinzip, statt einer Tragödie der Allmende existiert bei Bitcoin ein Festival der Gemeingüter. Ein Gemeingut, das besser wird, wenn mehr Unternehmen es nutzen."*

Festival der Gemeingüter 2012-2014

Sehen wir uns einige Beispiele an. 2014 sollte das schlechteste Jahr bei Bitcoin sein. Das ist es aber nur, wenn man auf den Preis fokussiert, denn 2014 erlebten wir die Implementierung zweier fantastischer Technologien. Das erste ist Multisig, dies erforderte eine kleine Änderung am Kernprotokoll, erlaubte dadurch aber einen enormen Zuwachs an Services und Produkten, die darauf aufbauen können. Die zweite sind hierarchisch deterministische Wallets, die keine Änderungen am Kernprotokoll erforderten und unglaublich komplexe und umfassende Möglichkeiten im Wallet Bereich brachten.

Die Unternehmen, die diese beiden Features erfunden und eingesetzt haben, taten dies im Jahr 2012 und heute profitieren wir davon. Ein ganzes Ökosystem an neuen Produkten und Dienstleistungen wurde mit diesen beiden Erfindungen erschaffen. Der vor zwei Jahren investierte Betrag eines Unternehmens explodiert und schafft zwei Jahre später eine ganze Palette an Produkten in einer neuen Branche.

2014 im Laufe des schlechtesten Bitcoin Jahres, erhielten fünfhundert Startups 500 Millionen Dollar Investment, wodurch Zehntausende Arbeitsplätze geschaffen wurden. Aus dieser Innovationsphase ist noch nichts zurückgekommen, weil sie gerade erst begonnen hat. All diese fantastischen, technologischen Fortschritte, die wir 2014 gesehen haben, sind auf Erfindungen aus dem Jahr 2012 zurückzuführen. Was wird passieren, wenn sich fünfhundert Unternehmen und zehntausend Entwicklerinnen und Programmierer auf ein Problem stürzen? Geben Sie uns zwei Jahre und wir werden einige sehr erstaunliche Dinge bei Bitcoin beobachten. Das ist Grandiose am Festival der Gemeingüter.

Innovation beschleunigen

Während die Presse einen weiteren Nachruf auf Bitcoin schreibt, sehe ich ein Ökosystem der Offenheit. Ich sehe ein Ökosystem, das Arbeitsplätze in einer größtenteils toten Wirtschaft schafft. Ich sehe ein Ökosystem, mit einigen der klügsten Leute, denen ich je begegnet bin, die die erstaunlichsten Innovationen erschaffen. Und das wirklich Erstaunliche daran ist, dass wir alle davon profitieren. Wir konkurrieren nicht wirklich gegeneinander. Wir beteiligen uns am Festival der Gemeingüter, dessen Ergebnis eine sich beschleunigende Innovationsrate ist. Sie ist bereits mit halsbrecherischer Geschwindigkeit unterwegs und sie wird immer schneller.

Nehmen wir ein offenes, dezentrales Ökosystem mit einem Festival der Gemeingüter — Open-Source, offene Standards, offenes Netzwerk — Intelligenz und Innovation werden ganz an den Außenbereichen installiert, sodass die Nutzenden die Kontrolle darüber haben, was sie entwickeln und wie sie ihre Zeit, ihr Geld und ihre Kreativität in diese Technologie investieren. Stellen wir das einem geschlossenen System gegenüber, das von einem zentralen Anbieter gesteuert wird, dessen Erlaubnis erforderlich ist, um zu innovieren und der selbst nur unter Ausschluss des Wettbewerbs aller anderen Unternehmen innovieren wird. Wir werden sie vernichten.

Die Leute fragen mich: "Was passiert, wenn Goldman Sachs einen GoldmanSachsCoin herausgibt?" Ich antworte, sie sollen. Wenn das Ganze wirklich offen und dezentral ist, haben Sie die Sinnhaftigkeit dieses Konzepts bestätigt und wir können alle nach Hause gehen und den Sieg verkünden. Bleibt es geschlossen und erlaubt keine offene Innovation, wird es in wenigen Monaten stagnieren, während wir weiter beschleunigen, mit mehr und mehr Innovationen, die sich gegenseitig befruchten.

Das ist nicht aufzuhalten. Deshalb ist es aufregend im Bitcoin-Bereich zu sein: ein dummes Netzwerk, das all die Intelligenz und Innovation an die Außenbereiche stellt, damit wir innovieren können, ohne jemanden um Erlaubnis fragen zu müssen und wir können an diesem fantastischen Festival der Gemeingüter teilnehmen.

Vielen Dank.

Infrastruktur-Umkehrung

Zürich Bitcoin Meetup; Zürich, Schweiz; März 2016

Video-Link: https://www.youtube.com/watch?v=5ca70mCCf2M

Heute spreche ich über ein Konzept, das ich gern *Infrastruktur-Umkehrung* nenne. Ich werde darüber sprechen, wie sich Dinge verändern, wenn eine neue Technologie zuerst die alte Infrastruktur nutzen muss und wie das zu Konflikt führt, einem Druck, der zu Infrastruktur-Umkehrung führen kann.

Neue Technologien und das Fahren auf alter Infrastruktur

Bitcoin ist neu. Bitcoin ist anders. Wenn ich den Begriff *Bitcoin* hier verwende, vereinfache ich. Ich spreche von dezentralen, netzwerkzentrierten Plattformen. Diese Plattformen können für Währungen, Zahlungen und andere Anwendungen, die Vertrauen erfordern, genutzt werden. Die Plattform könnte Bitcoin sein oder etwas anderes. Für diesen Vortrag werde ich den Begriff *Bitcoin* verwenden, um diese gesamte neu geschaffene Kategorie abzudecken. Es ist neu und wir versuchen, es irgendwie auf das bestehende Bankensystem zu pressen. Das Ergebnis ist Chaos.

Es ist nicht nur chaotisch, sondern bietet dadurch denjenigen eine Gelegenheit, die das traditionelle Bankensystem unterstützen und sagen: "Seht, es funktioniert nicht. Es ist langsam. Es funktioniert nicht so gut." Das ist nicht neu. Dieses Phänomen tritt jedesmal auf, wenn eine neue disruptive Technologie auftaucht, die in den ersten Jahren ihrer Ausbreitung von der bestehenden Technologie getragen werden muss, die sie zerstört.

> *"Jedesmal, wenn eine neue disruptive Technologie auftaucht, muss diese in den ersten Jahren ihrer Ausbreitung von der bestehenden Technologie getragen werden, die sie zerstört."*

Lassen Sie uns einen Blick auf derartige Entwicklungen in der Vergangenheit werfen. Liest man zwanzig, dreißig, vierzig Jahre später über disruptive Technologien, dann hört sich das alles ziemlich reibungslos an. Das ist logisch, denn hinterher herrscht Klarheit. Autos waren zum Beispiel eine großartige Erfindung. Als das Auto erfunden wurde, riefen alle auf der Welt: "Juhu! Wir brauchen keine Pferde mehr." Richtig? Nein, das ist nicht ganz das, was passiert ist. Anstelle dessen sagten sie: "Das ist verrückt. Diese furchtbaren, lauten Maschinen werden uns alle töten, sie werden niemals funktionieren. Wozu würde irgendwer außer diese reichen, dummen Leute, die mit diesen irre lauten Maschinen spielen, so etwas nutzen, wenn es doch Pferde gibt?"

Das ist das, was im Laufe der Geschichte immer passiert, wenn eine disruptive Technologie eingeführt wird. Es regt sich Widerstand. Widerstand ist die erste Reaktion. Diejenigen, die Erfolg haben, sind diejenigen, die weitermachen – auch wenn der Rest der Gesellschaft ihnen sagt, dass sie wahnsinnig sind – eine solche verrückte Idee zu verfolgen: Autos, Elektrifizierung, Internet, Bitcoin. Diese verrückten Pioniere, die wegen ihrer verrückten Ideen von allen anderen in der Gesellschaft verspottet wurden, blieben beharrlich, bis alle sehen konnten, dass das, was sie taten, richtig war.

Infrastruktur für Pferde

Wenn ich mir die Geschichte ansehe, finde ich es interessant, dass disruptive Technologien zu Beginn in der Welt existieren müssen, die sie ersetzen. Wird das allererste Mal mit einem Auto in der Stadt gefahren, werden Straßen benutzt, die auf Pferde ausgerichtet sind. Es gibt keine Ampeln. Es gibt keine Straßenverkehrsordnung. Es gibt keine asphaltierten Straßen.

> *"Sie leben in einer Pferdegesellschaft und sind die verrückte Person, die eines dieser pferdelosen Vehikel fährt."*

Es gibt ein paar Dinge bei Pferden, die Autos nicht haben. Die ersten Autos hatten einen Vorderradantrieb. Dabei drehen sich nur zwei Räder. Pferde sind vierfüßig, was ihnen hohe Flexibilität verleiht. Sie halten außerdem das Gleichgewicht. Es gab damals ausschließlich Straßen, die für Pferde ausgelegt waren, nicht asphaltiert. Manche Straßen waren mit Kopfsteinpflaster belegt, aber die große Mehrheit der Straßen war nicht asphaltiert. Sie waren das Gegenteil von trocken. Sie waren üblicherweise mit Schlamm und Pferdemist überzogen (denn das ist, was Pferde tun). Das ist die Umgebung, in der sich das Automobil beweisen musste. Es begann nicht mit: "Jawohl, großartig, wir haben das Auto erfunden. Erlauben sie mir, ihnen das Potenzial auf der Autobahn zu demonstrieren." Stattdessen fuhren verrückte, wohlhabende Leute, die mit dieser Technologie experimentierten, ihre Autos auf

Straßen mit tiefen Spurrillen von den Pferden. Auf schlammigen Straßen, die nicht für Autos gedacht waren. Und was passierte? Die Autos blieben stecken, weil sie keine vier Füße hatten und das Gleichgewicht nicht halten konnten.

Die Kritik lautete: "Hah, wir haben euch gesagt, das wird nie funktionieren. Seht euch an. Ihr kommt nicht mal aus dem Schlamm raus. Außerdem, wo wollt ihr euch Treibstoff besorgen? Es gibt nur eine Tankstelle. Was passiert, wenn euch der Sprit ausgeht, bevor ihr dort ankommt? Ich meine, wenn euer Pferd hungrig wird, könnt ihr immerhin ein paar Kilometer im Schritt gehen, aber falls eurer neuen, verrückten Auto-Idee der Sprit ausgeht, war's das, dann steckt ihr fest. Ihr seid schon im Schlamm festgesteckt, aber jetzt steckt ihr wirklich fest, weil euch der Treibstoff ausgegangen ist. Das wird nie funktionieren.“

Von Pferden zu Fahrzeugen

Oft muss neue Technologie zuerst die Infrastruktur der Technologie nutzen, die sie letztlich ersetzen wird. Zu Beginn mussten Autos Straßen benutzen, die für Pferde entworfen waren. Schließlich begannen wir, Straßen zu asphaltieren. Dann passierte etwas wirklich Interessantes. Asphaltierte Straßen, die für Fahrzeuge geeignet sind, können von der alten Technologie (Pferde) immer noch genutzt werden. Wenn Sie in Zürich eine schöne Tour zu Pferd machen wollen, bin ich mir sicher, dass sich das Pferd vollkommen wohlfühlen würde. Pferde fühlen sich auf Asphalt sehr wohl, ebenso wie Skateboards, Segways, Motorräder und Fahrräder — Technologien, die es vorher nicht gab. Tatsächlich musste als Erstes die Infrastruktur für Autos errichtet werden, damit diese Technologien existieren können.

Flache, gepflasterte Straßen ermöglichen nicht nur die Existenz des Automobils, sondern auch die komfortable Existenz des Pferdes und öffnen die Tür für neue Technologien. Jetzt fahren die Menschen Segways, Scooter, Skateboard, Rollerblades, schieben Kinderwagen und all die anderen Dinge herum, die sich auf unseren Straßen bewegen.

Das ist eine Infrastruktur-Umkehrung. Mit der neuen Technologie wird auf der alten Infrastruktur gestartet. Dann kehrt es sich um. Neue Infrastruktur wird gebaut und im Anschluss läuft darauf die alte Infrastruktur, auf einer Infrastruktur, die für die neue Technologie entworfen wurde.

"Das ist eine Infrastruktur-Umkehrung. Mit der neuen Technologie wird auf der alten Infrastruktur gestartet. Dann kehrt es sich um."

Sehen wir uns weitere Beispiele an.

Infrastruktur für Erdgas

Das Großartige an historischen Betrachtungen sind manche der damals lautesten und überzeugtesten Aussagen, über die jahrhundertelang gelacht wird, weil sie sich als wirklich lächerlich herausgestellt haben. Zum Beispiel sagte der Bürgermeister von Paris, als bei der Weltausstellung die Elektrizität vorgestellt wurde: "Elektrizität ist eine Modeerscheinung und sobald wir die Ausstellung schließen und den Eiffelturm abbauen, wird die Elektrizität verschwinden." In zweierlei Hinsicht falsch. Der Eiffelturm steht noch und die Elektrizität hat sich durchgesetzt.

Aber denken Sie an die Zeit, als die Elektrifizierung gerade erst begann: es gab keine Infrastruktur. Also, wie genau gelangt Strom in ein Haus? Zuallererst ist der einzige Grund Elektrizität ins Haus zu bringen der, dass man zu diesen verrückten, reichen Leuten gehört. Vermutlich ist man eine der Personen, die ein Automobil gekauft haben. “Sie legen sich im Grunde genommen einen Blitz in die Wände, was mit Sicherheit eine dumme Idee ist, weil letztendlich ihr Haus abbrennen wird.” Das schrieben die Zeitungen. Sie schrieben über jedes einzelne, abgebrannte Haus und wie diese verrückten Menschen Elektrizität in ihre Häuser gebracht haben.

Wie sah die Infrastruktur zu dieser Zeit aus? Damals war der Großteil der Infrastruktur darauf ausgelegt, Gas zu liefern. Die Gasbeleuchtung war in großen Städten sehr verbreitet. Es gab Rohre, die Gas in erster Linie für Straßenlampen, aber auch für Raumbeleuchtung sowie Heizung, bereitstellen konnten. Diese Infrastruktur konnte nicht für Elektrizität verwendet werden. Sie konnte für die Verbreitung der Elektrizität an Häuser nicht genutzt werden.

Zu Beginn war Elektrizität etwas für Fabriken, denn diese zogen den meisten Nutzen daraus. Vor Einzug der Elektrizität gab es in Fabriken oft einen gasbetriebenen Motor. Der Motor verteilte die Leistung über eine Reihe von Riemen und Riemenscheiben, die im ganzen Werk verteilt waren, um alle anderen Geräte zu betreiben. Im Grund war es eine Gasturbine. Die Elektrizität ermöglichte es, den Strom direkt an alle Geräte zu verteilen und Elektromotoren zu verwenden.

Offensichtlich profitierten Fabriken von der Elektrizität, aber warum sollte das zu Hause genutzt werden? Wozu sollte Elektrizität benutzt werden, wenn Licht und Heizung bereits einwandfrei mit Gas funktionierten? Und es gab keine Infrastruktur. Die Infrastruktur für Gas war für Strom nicht nutzbar. Wer Strom wollte, musste neue Infrastruktur bauen.

Dabei erkennen wir einen anderen Aspekt dieser Infrastruktur-Umkehrung. Diejenigen, die in den Status Quo investiert haben, zeigen auf neue Elektrizitätsprojekte und sagen: "Das Verteilernetzwerk ist nicht groß genug, um neue Kunden zu gewinnen. Es gibt nicht genug Kunden, die ein Verteilernetzwerk benötigen. Das wird nie funktionieren." Das ist genau dasselbe, was sie über Autos sagten: "Es gibt nicht genug Tankstellen, um eure Autos zu füllen und es gibt nicht genug Kunden, die Tankstellen benötigen. Das wird nie funktionieren."

Vom Erdgas zur Elektrizität

Dann beginnt die Elektrifizierung und die Menschen begreifen, dass sobald es Infrastruktur für Elektrizität gibt, diese nicht nur für die neuen elektrischen Dinge, sondern auch für alte Anwendungen genutzt werden kann. Licht und Heizung gibt es genauso und in manchen Fällen funktioniert das mit Elektrizität viel effizienter. Jetzt können neue Dinge dazu kommen. Ventilatoren, Klimaanlagen, Motoren, Mixer, Haartrockner und die Häuser brennen mittlerweile nur selten aufgrund der Elektrizität ab.

Erneut sehen wir eine Infrastruktur-Umkehrung. Die ersten paar Jahre muss alles auf der alten Infrastruktur laufen. Das ist fast unmöglich. Theoretisch konnte ein Gasgenerator im Haus installiert werden, um vor Ort Strom zu erzeugen, aber das war nicht sehr effizient. Anschließend wird die Infrastruktur für die neue Technologie errichtet und damit läuft auch die alte Technologie sehr gut - Licht, Heizung oder Pferde, im Fall der Straßen. Und es öffnen sich Türen für neue, vorher unmögliche, Anwendungen. Und die Welt verändert sich.

> *"Das Verändern der Infrastruktur öffnet Türen für neue, vorher unmögliche, Anwendungen. Und die Welt verändert sich. "*

Infrastruktur für menschliche Sprache

Mein drittes Beispiel ist etwas technischer. Hier wird sich das Publikum spalten, in diejenigen über fünfunddreißig Jahre alt und diejenigen unter fünfunddreißig Jahre alt. Sagen Sie mir, ob Sie dieses Geräusch erkennen können.

Andreas imitiert den Ton eines Einwahlmodems

Personen unter fünfunddreißig schauen mich an als wäre ich verrückt und Personen über fünfunddreißig sagen: "Das ist ein Modem. Eines von denen hatte ich mal! So haben wir uns mit dem Internet verbunden." Verzeihen Sie, dass ich auf antike Geschichte eingehe. Ein Modem ist ein Modulator-Demodulator. Es ist ein Gerät, das Daten über eine Telefonleitung spricht. Das Interessante daran ist: wenn Sie darüber nachdenken, ist die Telefonleitung wie eine unbefestigte Straße auf der Sie versuchen, mit dem Auto zu fahren.

Eine Telefonleitung ist ein System, das entworfen wurde, um menschliche Stimmen zu übermitteln. Als ich ein Teenager war, waren diese Telefonleitungen immer noch analog und es gab Systeme mit Pulswahlsystemen. Manchmal versuchten wir Musik an unsere Freunde über die Telefonleitung zu senden. Falls Sie das schon einmal versucht haben, wissen Sie, dass das nicht funktioniert. Der Grund sind die durch die Telefonleitung sehr begrenzten Frequenzen.

Sie sehen, das Telefonnetz wurde entworfen, um eine Sache zu tun und zwar nur eine Sache. Es ist hoch spezialisiert, genau wie das Gasnetzwerk, das Gas an Häuser liefert und nur für die Gaslieferung entworfen wurde. Nicht für Wasser oder Strom oder Öl. Nur Gas, es ist spezialisiert. Das Telefonsystem wurde für die Übertragung von Stimmen entworfen und menschliche Stimmen sind sehr spezifisch. Unsere Hauptfrequenz ist ein Kilohertz; wir bleiben nahe an diesem Bereich, manchmal ein wenig darüber und darunter. Es gibt ein paar Menschen, die ein ganzes Stück über den gewöhnlichen Bereich hinaus gehen können. Teenager können Frequenzen erreichen, die ich nicht einmal hören kann. Wegen des speziellen Einsatzes von Sprache und der Schwierigkeiten bei der Sprachübertragung, insbesondere über große Entfernungen, haben die Ingenieure den zulässigen Bereich eingeengt. Wird die volle Bandbreite zugelassen, wird Stimme transportiert, aber es entstehen auch statisches Rauschen und elektronische Störungen bei sehr hohen Frequenzen. Bei sehr niedrigen Frequenzen entstehen Brummgeräusche oder elektronische Störungen durch Motoren. Was wird gemacht, wenn in Ihrer Telefonleitung statisches Rauschen oder Brummgeräusche zu hören sind? Ein Filter, der die Höhen und ein weiterer Filter, der die Tiefen abschneidet, werden eingebaut. Jetzt ist die Verbindung klarer, aber die menschliche Stimme hört sich komischer und komischer an, da sie komprimiert wird.

Diese komprimierte Leitung ist schwierig für die Datenübertragung, denn dafür muss viel Information in ein sehr enges Frequenzband gebracht werden. Der Pfeifton, den Sie bei einem Modem hören, das sind zwei Modems, die versuchen den verfügbaren Frequenzbereich auf dieser spezifischen Verbindung zu testen. All diese Geräusche kommen von den Modems, die sich in unterschiedlichen Frequenzen fragen, "Kannst du mich jetzt hören?" und das andere antwortet, "Ich hab dich gehört. Kannst du mich hören?", hin und her bis der verfügbare Bereich hergestellt ist.

Das ist ein absurder Weg, um Daten zu übermitteln. Sie haben im Grunde genommen zwei Geräte, die sich über einen sehr schmalen Kanal gegenseitig zusingen und versuchen möglichst viele Daten durch diesen schmalen kleinen Strohhalm zu quetschen. Danach wurden sie verbessert und sie wurden besser und besser darin.

Die Telefongesellschaften hassten es: "Dafür haben wir die Netzwerke nicht entworfen. Das ist ein tadelloses, hochmodernes Sprachkommunikationsnetzwerk. Was zur Hölle macht ihr da?" Wo ich aufwuchs - in Athen, Griechenland - wer dort versuchte, über das Modem ein Ferngespräch zu führen, hörte den Beginn einer Modemeinwahlverbindung und dann einen abrupten Klick. Wie? Was ist passiert? Die Leitung wurde gekappt. Wieso? Weil das im Wettbewerb zu den Telefongesellschaften stand. So ähnlich wie Banken, Konten von Bitcoin-Unternehmen, sperren. Oder eigentlich ist das genau dasselbe.

Was haben sie damals gesagt? Sie sagten: "Wir könnten Datenverbindungen bereitstellen – Glasfaser, Koaxialkabel, direkte Datenverbindungen mit hohen Bandbreiten. Aber erstens, niemand braucht eine hohe Bandbreite, denn wozu? Sprachübertragung? Wir haben bereits ein Sprach-Netzwerk. Es ist fantastisch. Wir brauchen diese neuen Sachen nicht. Zweitens gibt es nicht genügend Leute, die das nutzen, um Koaxialkabel bereitzustellen. Außerdem haben wir nicht genügend Koaxialkabel, um eine Benutzerbasis aufzubauen. Das wird nie funktionieren." Genau derselbe Gedanke.

Von Sprache zu Daten

Dann fand die spektakulärste Infrastruktur-Umkehrung statt, die ich jemals erlebt habe und an die ich mich erinnern kann. Zunächst war das Internet unerwünscht und wurde widerwillig über Telefonleitungen übertragen. Danach übertrugen Telefonunternehmen, aus denen Internet Service Provider wurden, das Internet über Telefonleitungen. Mit der Zeit wurde ihre Infrastruktur datenorientierter. Dann wurde ihr komplettes Netzwerk digital. Danach lief das gesamte Netzwerk über das Internet. Dann begannen sie alle Telefonleitungen über das Internet laufen zu lassen. Heute wird weltweit jeder einzelne Telefonanruf über das Internet getätigt, mit ein paar Ausnahmen in Entwicklungsländern. Eine totale Infrastruktur-Umkehrung.

> *"Heute wird weltweit jeder einzelne Telefonanruf über das Internet getätigt, mit ein paar Ausnahmen in Entwicklungsländern. Eine totale Infrastruktur-Umkehrung."*

Es stellte sich heraus, dass es sehr schwierig ist, Daten über eine schmale Telefonleitung zu übertragen, die für Sprache entwickelt wurde. Aber wenn das Ganze umgedreht wird, ist es sehr einfach Sprache über eine Datenverbindung zu übertragen. Was ist der Unterschied? Das eine ist hoch spezialisiert. Die Anwendungsmöglichkeiten dafür waren bereits fixiert. Die Anwendung ist Sprache;

Daten sind die Ausnahme, die durchgequetscht werden soll. Daten bedeutet alles und Sprache ist nur eine der Anwendungen, die bequem transportiert werden können.

Die ultimative Ironie bei den Telefongesellschaften war eine spezielle Sache namens ‘Komfortgeräusch’. Telefontechniker wissen, wovon ich rede. Das ist die ironischste Sache aller Zeiten. Nach vielen Jahren Nutzung der Telefonleitungen, waren Leute meines Alters ein statisches Rauschen während des Telefonierens gewöhnt. Mobilfunk und digitale Telefonie sind perfekt und frei von Rauschen. Wenn das Gegenüber zu sprechen aufhörte, war es komplett still. Also dachte unsereins: "Okay, ich glaube, es wurde aufgelegt."

Niemand hat aufgelegt. Alle waren noch dran. Es gab einfach kein statisches Rauschen. Schließlich erfanden die Telefongesellschaften die brillanteste Technologie überhaupt, das Herstellen von Komfortgeräuschen. Ein Gerät auf Seiten Ihres Telefons prüft, ob die Verbindung noch gegeben ist und wenn ja, dann flüstert es Rauschen in Ihre Ohren, damit Sie denken, das Gegenüber ist noch da. Tatsächlich wird auf Ihrem Ende der Leitung absichtlich, künstliches, hochfrequentes Rauschen erzeugt – Rauschen, das es eigentlich nicht gibt, nur damit Sie nicht glauben, die andere Person hat aufgelegt.

Genau die gleichen Unternehmen, die sagten: "Wir werden nie in der Lage sein, qualitativ hochwertige Sprache über das Internet zu senden. Wir wollen das Internet nicht in unseren Telefonleitungen," injizieren nun Rauschen, um die schreckliche Leistung des vorigen Netzwerks zu simulieren, denn jetzt senden wir Sound in CD-Qualität oder besser über Kontinente hinweg. Die totale Umkehrung der Infrastruktur.

Vom Bankwesen zu Bitcoin

Jetzt gibt es Bitcoin. Es gibt eine dezentrale Plattform des Vertrauens, die die Abwicklung von Transaktionen auf globaler Basis, ohne Intermediäre durchführen kann. Aber wir leben immer noch im alten System. Gegenwärtig müssen wir Exchanges nutzen, die an traditionelle Bankkontos, IBAN-Überweisungen oder Kreditkarten gebunden sind. Im Augenblick steuern wir das Automobil auf den schlammigen Straßen des Bankwesens. Der Bitcoin-Rennwagen, die Formel 1 des Finanzwesens, fährt auf den schlammigen Straßen des Zentralrechner-Systems der Banken aus den 1970er Jahren und es ist eine holprige Straße.

"Der Bitcoin-Rennwagen, die Formel 1 des Finanzwesens, fährt auf den schlammigen Straßen des Zentralrechner-Systems der Banken aus den 1970er Jahren und es ist eine holprige Straße."

Die Banken deuten darauf und sagen: "Es funktioniert nicht. Seht mal, ihr müsst die gleichen Regulierungen anwenden wie wir. Ihr müsst, wie wir alle, die Identitätsnachweise überprüfen. Ihr müsst eure Geschwindigkeit bremsen und dem traditionellen Bankwesen anpassen. Das wird nie funktionieren. Darüber hinaus habt ihr zu wenig Teilnehmende, um die Infrastruktur aufzubauen und nicht genug Infrastruktur, um neue Leute anzulocken. Also wird das sicher niemals funktionieren."

Doch was wir *haben*, genau wie bei der Elektrizität, beim Automobil und beim Internet, ist eine neue Technologie, die das Versprechen tausender anderer Anwendungen in sich trägt, die sie sich nicht einmal erträumen können.

Ich prognostiziere, dass wir in den nächsten fünfzehn bis zwanzig Jahren eine große Umkehrung der Infrastruktur im Finanzwesen sehen werden. Zuerst werden die Banken Widerstand leisten. Dann werden sich die Banken anpassen. Die Banken werden ihre Systeme neben Blockchain- und Bitcoin-Systemen laufen lassen und schlussendlich wird das gesamte traditionelle Bankwesen als Anwendung auf einem dezentralen, vertrauenswürdigen Kontenbuch laufen. Denn während es sehr schwer ist, ein dezentrales, vertrauenswürdiges Kontenbuch, das mit all den alten Bankensystemen verbunden ist, zu schaffen, ist es trivial einfach, das alte Bankensystem auf Basis eines dezentralen Kontenbuches, auf Bitcoin aufgesetzt, einer offenen globalen Blockchain, zu simulieren. Alles was Sie tun müssen, ist all seine Fähigkeiten zu nehmen und sie zu bremsen. Zum Beispiel kann ich eine Anwendung bauen, die Ihre Bitcoin-Transaktion nimmt und sie erst nach drei bis fünf Banktagen gegen eine Gebühr von fünf Dollar abschließt. Ich habe ein traditionelles Bankgeschäft implementiert. Es ist ein wenig wie die Erzeugung des Komfortgeräusches.

"In den nächsten fünfzehn bis zwanzig Jahren werden wir eine große Umkehrung der Infrastruktur im Finanzwesen sehen."

Für alle unter uns, die so an das Bankwesen der vorigen Generation gewöhnt sind, dass sie sagen: "Ich mag dieses schnelle Finanzwesen nicht. Ich fühle mich dabei unwohl. Ich möchte jeden Sonntag am Küchentisch sitzen und meine Schecks überprüfen und sichergehen, dass kein Scheck geplatzt ist. Ich kann diesen elektronischen, schnellen, globalen Transfer nicht ausstehen. Ich habe Angst. Können wir es langsamer machen?"

Diese Umkehrung der Infrastruktur wird uns erlauben, Anwendungen des traditionellen Bankwesens auf einem dezentralen globalen Kontenbuch -- auf einer offenen Blockchain wie Bitcoin, *die* offene Blockchain, also voraussichtlich auf Bitcoins offener Blockchain -- laufen zu lassen und gleichzeitig die Türen für andere Anwendungen zu öffnen, die wir noch nie zuvor gesehen haben. Diese neuen Anwendungen werden anders aussehen als das traditionelle Bankwesen. So eigenartig wie ein Segway oder ein Skateboard für jene aussieht, die an traditionelle Pferdekutschen glauben. So anders wie der Übergang zur Elektrizität in einer Ära der Gasbeleuchtung und viktorianischen Häuser. So außerirdisch wie Komfortgeräusche in qualitativ hochwertiger Daten- und Sprachkommunikation über das Internet, die zu so viel mehr fähig ist.

Der Zukunft die Tore zu öffnen, ist auf einem veralteten System sehr schwierig. Während dieser Phase deuten alle in die Zukunft und sagen: "Seht, es funktioniert nicht." Sobald die Infrastruktur umgekehrt wird, ist die Simulation der Vergangenheit auf dem Netzwerk der Zukunft extrem einfach.

> *"Sobald die Infrastruktur umgekehrt wird, ist die Simulation der Vergangenheit auf dem Netzwerk der Zukunft extrem einfach."*

In Bezug auf die Zukunft des Geldes sind wir jetzt in der frühen Anfangsphase und im Frühstadium der größten Infrastruktur-Umkehrung, die die Welt jemals gesehen hat.

Vielen Dank.

Währung als Sprache

Bitcoin Expo 2014 - Keynote; Toronto, Ontario, Kanada; April 2014

Video-Link: https://www.youtube.com/watch?v=jw28y81s7Wo

Dies wird ein etwas philosophischer Vortrag über die Zukunft von Kryptowährungen und das, was mir hier bei dieser Veranstaltung aufgefallen ist. Dieser Event wird "Bitcoin Expo 2014" genannt. Es hätte auch die "Bitcoin & Ethereum Expo 2014" heißen können. Ich weiß nicht, ob Sie es bemerkt haben, aber Ethereum war hier sehr stark vertreten. Ein interessantes Thema fällt mir dazu ein, denn es haben mich ziemlich viele Leute gefragt: "Bedroht Ethereum die Zukunft von Bitcoin? Stiehlt es ihm die Schau?" Diese Fragen höre ich öfter von Leuten, die versuchen Altcoins zu verstehen. Sie fragen sich, ob Altcoins die Dominanz von Bitcoin gefährden oder Bitcoin schwächen könnten, wenn sie das Volumen des gesamten Netzwerkes zu sehr vergrößern.

In eine Währung hineingeboren

Ich habe eine Weile über dieses Thema nachgedacht. Ich denke, es ist eine grundsätzliche Frage, die das alte Paradigma der Währungen heraufbeschwört. Wir alle sind in einer Welt aufgewachsen, in der uns Währungen in monopolistischer Manier aufgezwungen werden, in der Währungen streng durch die Geografien, in denen sie auftreten, definiert werden und in der die Wahl der Währung nicht unsere ist. Es ist der Zufall der Geburt, genau wie viele andere Dinge in unserem Leben. Es war Zufall, dass ich in eine Familie der oberen Mittelklasse in Griechenland hineingeboren wurde, vollgeladen mit Chancen und Privilegien in meinem Leben. Ich habe auch Drachmen verwendet. Ich habe mir die Drachme genauso wenig ausgesucht, wie ich mir ausgesucht habe, ein weißer Mann zu sein oder in eine Familie mit gebildeten Menschen hineingeboren zu werden. Diese Dinge sind mir einfach passiert.

> *"Währung ist ein Artefakt des Nationalstaates. Sie legt uns bestimmte Einschränkungen auf. Wir wählen unsere Währung nicht, sie wählt uns."*

Währung, wie wir sie kennen, ist ein Artefakt des Nationalstaates. Sie legt uns bestimmte Einschränkungen auf. Wir wählen unsere Währung nicht, sie wählt uns. Wir sind gezwungen, diese Währung bei all unseren Handlungen zu verwenden.

Wir haben keine Wahl — bis 2008, war das so. Jetzt leben wir in einer etwas anderen Welt, doch vieles vom alten Paradigma hält sich in unserem Denken.

In einer Welt, in der eine Währung ein geografisch eingeschränktes, monopolistisches Nationalstaaten-Artefakt ist, ist es ein Nullsummenspiel. Die Währung ist die Flagge, sie ist der Nationalstaat. Sie ist der Ausdruck des wirtschaftlichen Wertes eines Staates. Sie definiert Ihre Interaktionen in einer Welt der Geopolitik, in einem globalen Kampf um die Herrschaft der Nationen. Es ist keine individuelle Entscheidung. Es hat nichts mit dem Individuum zu tun, mit Ausnahme der einen Person, deren Gesicht auf der Währung abgebildet ist -- bis vor kurzem war das hier in Kanada eine alte, weiße Dame namens Elizabeth.

Währung als Mittel des Ausdrucks

Jetzt leben wir in einer neuen Welt, in einer Welt in der es wirkliche Wahlfreiheit gibt und nicht nur eine Wahlmöglichkeit in Bezug auf die Art der Nutzung. Denn es ist nicht nur möglich eine Wahl zu treffen, welche Währung wir als Individuen benutzen. Währung ist auch ein Mittel des Ausdrucks. Jede einzelne Person kann jetzt mit einem simplen Webformular eine Währung schaffen.

"Jetzt leben wir in einer neuen Welt, in einer Welt in der es wirkliche Wahlfreiheit gibt und nicht nur eine Wahlmöglichkeit in Bezug auf die Art der Nutzung... Währung ist auch ein Mittel des Ausdrucks."

Als ich über die Entwicklung von Altcoins (Anm: alternative Währungen neben Bitcoin) nachdachte, erkannte ich, dass ich die falschen Fragen gestellt habe. Wie viele Währungen wird es geben? Wie viele Altcoins wird es geben? Wie konkurrieren Altcoins in einer Welt von Kryptowährungen in Zukunft? Wird es Hunderte von Altcoins geben? Wenn es Hunderte von Altcoins gibt, was bedeutet das für den Wert jedes einzelnen Altcoins? Wie konkurrieren sie? Das war die falsche Art darüber nachzudenken. Ich sah Währung als Nullsummenspiel, entsprechend der Weltanschauung, die mir von den Nationalstaaten, die die Währungen schufen, aufgezwungen wurde. Ich fing an über Währung als eine Art Anwendung nachzudenken. Und dann begann ich Währung als Mittel des Ausdrucks zu sehen.

Sehen Sie, Geld ist im Grunde eine Sprache. Es ist eine Sprache, die wir nutzen, um gegenseitig Wert auszudrücken. Wenn ich Ihnen einen Dollarschein gebe, sage ich gleichzeitig, dass ich Ihnen den Gegenwert aushändigen möchte. Ich drücke mein Verlangen aus, mit Ihnen Wert zu tauschen, denn ich schätze etwas, das Sie können oder etwas, das Sie mir geben können. Ich nutze Geld als Zeichen der Sprache.

> *"Geld ist im Grunde eine Sprache. Es ist eine Sprache, die wir nutzen, um gegenseitig Wert auszudrücken. Wenn ich Ihnen einen Dollarschein gebe, sage ich gleichzeitig, dass ich Ihnen den Gegenwert aushändigen möchte. Ich drücke mein Verlangen aus, mit Ihnen Wert zu tauschen."*

Währungen am Spielplatz erfinden

Das geschieht in menschlichen Gesellschaften, unabhängig davon, ob es offizielle Währungen gibt oder nicht. Wenn es keine Währung mit einem aufgedruckten Kopf gibt, wird eine erfunden. Was mich am meisten faszinierte, war die Beobachtung von Kindern der Grundschule in ihrer natürlichen Umgebung (in den meisten Schulen eine sehr unnatürliche Umgebung). Kinder verwenden in der Schule keine Währung und sie verstehen Währung nicht. Aber sie erfinden Währung. Sie beginnen zu handeln. Gummibänder, Pokemon-Karten, Tamagotchi, Zeichen der Zuneigung, Zeichen der Beliebtheit. Menschen schaffen Währungen als Mittel, um ihre Wünsche und Individualität auszudrücken. Ich dachte, was passiert, wenn ein fünfjähriges Kind Joeycoin über eine Webseite erstellt und damit gegen Mariacoin in einem Beliebtheitswettbewerb an der Grundschule antritt?

Dann dämmerte es mir; die Frage: "Wie viele Währungen wird es geben?" gleicht der Frage: "Wie viele Blogger wird es im Internet geben?" Die Antwort ist einfach: uns alle.

Währung ist jetzt ein Ausdrucksmittel. Aber wenn jeder Mensch eine Währung erstellen kann, wie bekommt diese einen Wert und was bedeutet das? Worin besteht der Unterschied zwischen Währung als Ausdruck von Popularität, als Ausdruck von Begehren, als Meme, als Modeerscheinung, als Marke? Da draußen, *Andreas zeigt auf den Außenbereich des Auditoriums*, findet ein kanadischer Teenie-Idol-Wettbewerb statt. Amir, einer der Teilnehmenden, hat eine große Fan-Gruppe. Vielleicht will er einen Amircoin erstellen, damit seine Fans ihren Wunsch äußern können, mehr von seinem Tanz zu sehen. Warum nicht? Leute haben mich darauf angesprochen, einen Andreascoin zu schaffen. Ich finde es ein bisschen albern. Aber warum nicht? Ich denke, irgendwann werden diese Dinge passieren.

Es wird nicht Hunderte von Altcoins geben. Es wird nicht Tausende von Altcoins geben. Es wird Hunderttausende und dann Millionen von Altcoins geben. Jeden Tag werden Tausende von Altcoins erstellt werden, um lokale Gemeinschaften zu organisieren, Modeerscheinungen auszudrücken, Beliebtheitswettbewerbe abzuhalten oder um das neueste Internet Meme zu entwerfen.

"Es wird nicht Hunderte von Altcoins geben. Es wird nicht Tausende von Altcoins geben. Es wird Hunderttausende und dann Millionen von Altcoins geben."

Autorität durch Produktion

Bei so vielen Altcoins, wie kann man da wissen, welche Wert haben und welche nicht? Um diese Art von Frage zu beantworten, denke ich oft über die Entstehung des Internets nach, das erste dezentrale System meiner Zeit. Was es geleistet hat für das Verständnis von Information, Informationsknappheit, Meinung und Meinungshoheit. Daran, wie sich unsere Gesellschaft veränderte, als das Internet weltweit Einzug hielt.

Wer früher eine Meinung mit Bedeutung lesen wollte, kaufte ein Stück Papier von einem Unternehmen mit einer Druckerei, drei Stockwerke hoch und vier Fußballfelder lang. Diese hatten wirklich großartige Namen, wie *The New York Times*. Diese Organisation konnte Tinte fässerweise kaufen und der Besitz dieser riesigen Produktionsstätte verlieh ihnen das Gewicht der Autorität. Wir sprachen diesen Institutionen Autorität zu und nutzten diese Autorität um zu entscheiden, welche Meinungen wichtig waren und welche nicht. Wir nutzten sie als richtungsgebende Autorität, die unser Meinungsverständnis leitete.

Dann hat das Internet all das zerstört, denn plötzlich konnten *alle* drucken, *alle* konnten publizieren.

Autorität durch Leistung

Anfangs fragten die Leute: "Wie können wir wissen, welche Meinungen wichtig sind, wenn jeder eine Meinung haben kann?" Sie dachten die Welt geht unter. Aber es ist eine lustige Sache passiert. Wir bewegten uns von einer Welt in der Autorität und Meinungshoheit von einem Herausgeber mit dem Gewicht der

Druckerpresse hinter sich ausging, in eine Welt, in der wir Meinung unabhängig von Produktionsmitteln und nur aufgrund ihres inhaltlichen Wertes beurteilen können.

Wir sind in einer Welt angekommen, in der die *New York Times* Dummheiten veröffentlicht, durch die eine ganze Nation in einen Krieg gerät, während einem ägyptischen Blogger, der über die Realität der Revolution berichtet, niemand zuhören will. Plötzlich steht die Welt Kopf. Die Autorität ist nicht mehr die Person, die die Druckerpresse besitzt. Jetzt ist die Person mit den Inhalten wichtig. Diesen Schritt haben wir gerade mit Währungen vollzogen.

"Die Autorität ist nicht mehr die Person, die die Druckerpresse besitzt. Jetzt ist die Person mit den Inhalten wichtig."

Währungen nach Nutzen bewerten

Jetzt kann uns der Nationalstaat nicht mehr zwingen, eine bestimmte Währung zu benutzen. Autorität entsteht nicht mehr durch das Monopol des Gelddruckens und die Macht des Staates. Jetzt können wir wählen, welche Währung wir verwenden wollen. Ein fünfjähriges Kind kann eine Währung erschaffen. Vielleicht hat die Währung des fünfjährigen Kindes keinen Wert, vielleicht doch. Vermutlich eher nicht. Aber bei manchen Währungen wird das so sein. Wir sollten uns an eine Welt gewöhnen, in der wir Währungen nicht aufgrund der Tatsache bewerten, wer sie ausgegeben hat, sondern wer sie benutzt. Oder genauer gesagt: wie viele Menschen sie nutzen und wofür sie sie nutzen.

"Wir sollten uns an eine Welt gewöhnen, in der wir Währungen nicht aufgrund der Tatsache bewerten, wer sie ausgegeben hat, sondern wer sie benutzt. Oder genauer gesagt: wie viele Menschen sie nutzen und wofür sie sie nutzen."

Stellen wir uns eine Welt vor, in der eine Währung weite Verbreitung findet und sich niemand daran erinnert, wer die Währung erstellt hat oder warum. Es ist nur bekannt, dass sie in der lokalen Gemeinde Kaufkraft besitzt. Lassen Sie Ihre

Phantasie spielen: stellen Sie sich vor, in einem Jahrzehnt, in einem ländlichen Dorf, weit abgelegen von den entwickelten Nationen, tauschen die Dorfbewohner zwei Währungen. Eine hat einen Shiba Inu, eine japanische Hunderasse, auf der Vorderseite und wird *Dogecoin* genannt. Ich bin nicht ganz sicher, wie es ausgesprochen wird und es ist nicht wirklich wichtig, aber man kann damit ein halbes Dutzend Eier kaufen. Die anderen Dorfbewohner handeln mit einer anderen Währung, auf der eine alte weiße Dame namens Elizabeth oben ist. Sie haben keine Ahnung, wer Elizabeth ist. Sie wissen nicht, warum ihr Bild auf der Münze ist. Vielleicht, weil sie ein schönes Lied geschrieben hat. Vielleicht hat sie bei *Canadian-Teen-Idol* gewonnen. Niemand erinnert sich mehr, aber man kann sechs Eier damit kaufen.

Diesen Menschen ist egal, wer die Währung ausgegeben hat; was zählt ist die Kaufkraft. Die Währung wird rein nach ihrer monetären Grundlage beurteilt, nach ihrer Akzeptanz und Verwendung. Es gibt einen wesentlichen Unterschied zwischen diesen beiden Währungen. Eine hat eine vorhersehbare, stabile und algorithmische Geldversorgung. Die andere hat eine alte weiße Dame namens Elizabeth aufgedruckt. Eine von ihnen hat also eine Art echten intrinsischen Wert, weil die Unsicherheit des Währungssystems dahinter entfernt wurde. Bei der anderen ist das nicht wirklich so.

Wir sollten uns auf eine Welt vorbereiten, in der viele Währungen koexistieren werden.

Mehrere Währungen koexistieren

Eine Währung als Mittel des Ausdrucks, als sprachliches Werkzeug liegt nicht mehr in der Hand der Herausgebenden. Es liegt an uns als Individuen, welche Währung wir wählen und welcher wir durch unsere Nutzung Wert geben. Wir geben ihr Wert durch Akzeptanz. Wir werden über manche Währungen überrascht sein, die als Modeerscheinung, als Witz, sogar als kranker Witz entstanden sind und sich trotzdem im viralen Bewusstsein des Internets explosionsartig verbreiten und zu realen monetären Kräften einer breiten Bevölkerung werden.

Wie agieren wir in dieser Welt? Was bedeutet ein Wettbewerb der Währungen, wenn es Millionen davon gibt? Was wäre, wenn es digitale Knappheit wirklich gibt, aber nur auf lokaler Ebene und nur im Kontext jeder einzelnen dieser Währungen? Was, wenn Knappheit nicht von den Herausgebenden abhängt, sondern in Bezug auf die Akzeptanz der Währung und in Bezug auf den Token selbst?

"Währung als Mittel des Ausdrucks, als sprachliches Werkzeug liegt nicht mehr in der Hand der Herausgebenden. Es liegt an uns als Individuen, welche Währung wir wählen und welcher wir durch unsere Nutzung Wert geben."

Wir werden Währungen für verschiedene Zwecke haben. Bitcoin gibt es bereits, Bitcoin hat eine sehr spezifische Geldpolitik. Ethereum stellt eine Plattform für Verträge zur Verfügung. Es gibt Namecoin für verteilte Namenskonventionen. Es gibt viele weitere und es wird viele weitere geben, die andere Probleme lösen: Proteinfaltung, die Suche nach außerirdischem Leben. Vielleicht werden wir Währungen haben, die sich besser für Mikrotransaktionen und Mikrozahlungen mit sehr schnellen Zahlungsabschlüssen eignen. Vielleicht werden wir Währungen haben, die besser für größere Transaktionen wie Immobilien geeignet sind. Wer weiß. Wer Währung als Anwendung sieht, realisiert, dass es keinen Unterschied macht.

Im Internet war E-Mail der Urahn von allem. Oder die Großmutter von allem. E-Mail, ähnlich Bitcoin, war die Killer-App, die uns allen erlaubte, die Macht der dezentralen Kommunikation zu begreifen und diese neue Plattform anzunehmen. Es reichte aus, um Nutzen zu kreieren und dieses Netzwerk auf der ganzen Welt zu verbreiten, aber es war nur die erste Anwendung. Danach kamen Instant-Messaging, Foren, Bulletin Boards, Facebook, Twitter. Machen Sie sich Sorgen, dass Twitter E-Mail zerstört? Machen Sie sich Sorgen, dass Facebook Instant-Messaging zerstören wird? Machen Sie sich Sorgen, dass die Bedeutung von E-Mail durch die Existenz von Twitter untergraben wird? Wir machen uns keine Sorgen um diese Dinge, weil wir wissen, dass jedes einen anderen Zweck erfüllt. Einige erlauben uns, eine Form der spontanen Echtzeit-Kommunikation zu entwickeln. Einige erlauben uns asymmetrische Kommunikation. Bei der Nutzung von Twitter kann ich tausende Menschen ansprechen und Echtzeit-Rückmeldungen erhalten, ohne eine bidirektionale, synchrone Kommunikation führen zu müssen. Einige, wie E-Mail, erlauben uns langfristige, asynchrone Kommunikation zwischen Menschen.

Was wir machen ist, wir bauen Schnittstellen, wir abstrahieren, wir vereinheitlichen die Werkzeuge, um all diese Verfahren von einer einzigen Oberfläche aus, fließend verwenden zu können. Wir können eine kurze Textnachricht an jemanden senden und beginnen eine Konversation, diese konvertieren wir in ein Gespräch, beschließen, dass wir unseren Hund herzeigen wollen, schalten die Videokamera ein, wandeln alles in eine Videokonferenz um und wenn wir mit der Konversation fertig sind, beenden wir sie mit einer zusammenfassenden E-Mail unserer

Vereinbarungen. Damit sind wir fünf verschiedene Formen der Kommunikation in einer einzigen einheitlichen Oberfläche durchgegangen.

> *"Was wir machen ist, wir bauen Schnittstellen, wir abstrahieren, wir vereinheitlichen die Werkzeuge, um all diese Verfahren von einer einzigen Oberfläche aus, fließend verwenden zu können."*

Währung als Anwendung

Ich denke, dass folgendes mit Währung passieren wird. Wir werden beginnen, Währungen wie eine Anwendung zu nutzen und um das zu tun, werden wir Schnittstellen benötigen, die uns ein einheitliches Währungserlebnis ermöglichen, die es uns erlauben, eine einzige Wallet mit vielleicht einhunderteinundfünfzig verschiedenen Währungen darin zu verwenden. Durch Erfindungen wie Sidechains, dezentrale Börsen, fließende liquide Systeme und der völligen Abwesenheit von Monopolen, von Lock-in, von der Geiselhaft ähnlichen Situation rund um Währungen, werden wir rasch und zu sehr geringen Kosten Bitcoin zu Namecoin zu Dogecoin zu Ethereum umwandeln können. Wenn es soweit ist, wird es für uns nicht wichtig sein, denn *wir* werden nichts machen müssen; unsere vereinheitlichende Wallet-Oberfläche wird das für uns erledigen, indem sie zu verstehen versucht, was wir mit unserer Währung erreichen wollen. Wenn ich ein Haus kaufe, wird es meinen Tauschwillen in der Form von Bitcoin ausdrücken, weil das die dafür geeignetste Währung ist. Wenn ich den Domain-Namen für das Haus registrieren möchte, wird es ein wenig Namecoin tauschen. Der Vertrag selbst wird mit Ether bezahlt. Das Trinkgeld für die Bedienung, die mir am Morgen den Kaffee gebracht hat, werde ich in Dogecoin bezahlen. Meine Wallet wird all diese Unterschiede verbergen.

> *"Wir werden beginnen, Währungen wie eine Anwendung zu nutzen und um das zu tun, werden wir Schnittstellen benötigen, die uns ein einheitliches Währungserlebnis ermöglichen, die es uns erlauben eine einzige Wallet mit vielleicht 150 verschiedenen Währungen darin zu haben."*

Ich sehe eine Welt, in der wir reibungslos auf multimodale Art zwischen Währungen hin und retour wechseln. Es gibt noch eine andere Sache, die daraus entsteht, nämlich die sehr reale Möglichkeit, den Wert des Wechselkurses von der tatsächlichen Währung zu abstrahieren. Wenn wir ein multimodales Kommunikationssystem haben, müssen wir nicht länger die einzelnen Werte und Wechselkurse all dieser Rohstoffe, Vermögenswerte, Währungen, nennen wir es wie Sie wollen, betrachten.

Indexwährung

Es besteht die sehr reale Wahrscheinlichkeit, dass wir eine Indexwährung haben werden: eine Währung, die an sich nicht handelbar ist, die keinen intrinsischen Nutzen als Transaktionsware hat, statt dessen nur verwendet wird, um Kaufkraft gegenüber den verschiedenen Coins in unseren Wallets auszudrücken. Ich kann vielleicht tausend einheitliche Währungseinheiten haben. Aber man kann keine Währungseinheiten kaufen. Man kann Bitcoin kaufen und dann benennen, wie viele einheitliche Währungseinheiten das sind. Ich bewerte alles in einheitlichen Währungseinheiten und danach bezahle ich in Dogecoin oder Namecoin oder Bitcoin oder Ether, je nachdem, wie ich es nutzen will.

> *"Ich sehe eine Welt, in der wir reibungslos auf multimodale Art zwischen Währungen hin und retour wechseln. "*

Das gibt es bereits an den Finanzmärkten. Sie können S&P 500 handeln. Sie kaufen dabei keine einzelne Firma; was Sie kaufen, ist die Aggregation aller unterschiedlichen Dinge, die an der Börse gehandelt werden, als Ausdruck des Gesamtwerts des Marktes. Dieses Meta-Instrument können Sie dann verwenden, um Transaktionen zu bewerten. Zum Beispiel wird die "Londoner Interbank Offered Rate" als Meta-Zinssatz verwendet, um die Dinge vertraglich an ein globales Set an Zinssätzen zu binden. Sie müssen nicht sagen: "Ich werde das zu jedem Preis kaufen, den die Bundesbank nennt." Sie sagen: "Ich werde das bei LIBOR plus 2 kaufen", und dann haben Sie einen stabilen Bezugspunkt für Transaktionen.

Ich vermute, dass wir bei Währungen sehr viel Ähnliches sehen werden. Wir werden wahrscheinlich Meta-Währungen sehen, deren einziger Zweck darin besteht, den Wert in all unseren Wallets für alle unsere Währungen zu aggregieren und uns verstehen lassen, dass der Wert eine Abstraktion ist, der unabhängig von den Währungen, die ihn ausdrücken, besteht.

Währungen und Gemeinschaften wählen

Das ist eine etwas philosophische Perspektive. Deshalb denke ich, dass es keinen Unterschied macht: Ether konkurriert nicht mit Bitcoin; Bitcoin konkurriert nicht mit Litecoin. Sie sind Mittel, die die Form des Austausches definieren, den wir wählen, um bestimmte Ziele zu erreichen. Daraus resultiert ein bedeutendes und machtvolles Werkzeug. Durch die Wahl einer Währung, wählen wir auch die Gemeinschaft, zu der wir gehören.

"Akzeptanz ist nicht bloß der Akt des Nutzens einer bestimmten Währung. Sie verbindet uns auch mit einer Gemeinschaft, die sich ebenfalls entschieden hat, diese Währung zu nutzen."

Akzeptanz ist nicht bloß der Akt des Nutzens einer bestimmten Währung. Sie verbindet uns auch mit einer Gemeinschaft, die sich ebenfalls entschieden hat, diese Währung zu nutzen. Wenn ich beschließe, Bitcoin anzunehmen, glaube ich an eine Geldpolitik mit maximal gesamt 21 Millionen Coins als stabile Wertquelle. Wenn ich mich entscheide Freicoin anzunehmen, glaube ich an einen inflationären Coin mit Liegegebühr, der einen negativen Zinssatz hat, was Konsum erzwingt und Horten verhindert. Ich wähle meinen politischen Willen durch meine Währung und durch diese Wahl assoziiere ich mich mit einer globalen Gemeinschaft, die dieselbe Entscheidung wie ich getroffen hat und diese drückt diese Wahl durch die Währung aus. Genauso wie ich eine Anwendung zum Kommunizieren im Internet wähle, dabei richte ich mich auch nach der dazugehörigen Gemeinschaft aus. Ich verwende Twitter nicht nur, weil es ein bequemer Kommunikationsmechanismus ist. Ich benutze Twitter, weil ich auch mit vielen Konzepten und Philosophien anderer Leute, die Twitter nutzen, übereinstimme.

"Wir haben die Sphäre der Meta-Politiken erreicht. Eine Politik nach Algorithmen, in der sich globale Gemeinschaften rund um einen gemeinsamen politischen Konsens, durch die Wahl einer Währung bilden."

Bei Währung hat diese Entscheidung viel stärkere politische Auswirkungen. Wir haben die Sphäre der Meta-Politiken erreicht. Eine Politik nach Algorithmen, in der sich globale Gemeinschaften rund um einen gemeinsamen politischen Konsens, durch die Wahl einer Währung bilden. Sie wollen Inflation? Nutzen Sie eine inflationäre Währung! Sie sind ein Goldbug? Verwenden Sie eine deflationäre Währung! Sie wollen eine Währung, die ein garantiertes Mindesteinkommen für die Armen schafft? Nutzen Sie eine Währung, die diese Politik ausdrückt! Sie wollen eine Währung, die Token für die Kohlenstoffbindung zur Seite legt? Verwenden Sie eine Währung, die Ihre grüne Politik ausdrückt! Wir werden sehen, wie Gemeinschaften, Politik und Währungen sich näher kommen und uns erlauben diese Entscheidungen zu treffen. Genauso wie ich Joeycoin unterstützen kann, um zu sagen, dass Joey tatsächlich das coolste Kind unter den Fünfjährigen ist, kann ich Greencoin supporten, weil mir die globale Erwärmung am Herzen liegt. Oder auch nicht. Ich kann Meatcoin unterstützen, falls ich rotes Fleisch wirklich mag. Wie auch immer. WorldWideWrestlingCoin, kein Problem. Auch einen von diesen wird es geben.

Wirklich alle diese Dinge sind Ausdrucksformen und damit kommen wir auf den Ausgangspunkt zurück: Währung ist am Ende wirklich eine Form der Sprache. Es ist eine Sprache, mit der wir unsere Erwartungen und Sehnsüchte nach Werten kommunizieren und jetzt, wo wir das in einem so gewaltigen Umfang tun können, jetzt, wo jeder und jede Einzelne Währung erschaffen kann, sind unsere Entscheidungen wirklich von Bedeutung. Wir haben das Nullsummenspiel hinter uns gelassen. Es geht nicht mehr um Nationalstaaten. Es geht nicht darum, wer zuerst Bitcoin oder wer zuerst Kryptowährungen akzeptiert, denn das Internet akzeptiert Kryptowährungen und das Internet ist die größte Ökonomie der Welt. Es ist die erste transnationale Ökonomie und sie braucht eine transnationale Währung.

> *"Es geht nicht mehr um Nationalstaaten. Das Internet ist die größte Ökonomie der Welt. Es ist die erste transnationale Ökonomie und sie braucht eine transnationale Währung."*

Währung kreiert Souveränität

Fassen wir zusammen, wir haben die grundlegende und fundamentalste Gleichung der Währung umgekehrt. Für Jahrtausende, bis zum Jahr 2008, definierte der Souverän die Währung. Souveränität war die Grundlage, auf der Währung geschaffen wurde und diese Währung erlaubte der Souveränität sich auszudrücken.

Die monopolistische Kontrolle der Währung ist die Basis der Souveränität. Jetzt hat das Internet eine Währung. Das Internet wird diese Währung nutzen, um Souveränität zu schaffen.

"Seit 2008 kreiert Währung Souveränität."

Seit 2008 kreiert Währung Souveränität. Das Internet hat eine eigene Währung, das bedeutet, dass das Internet Kaufkraft hat. Was bedeutet, dass das Internet wirtschaftlich unabhängig ist. Was bedeutet, dass das Internet diese wirtschaftliche Freiheit auf postnationale Art ausüben kann, dabei Grenzen ignoriert und den Nationalstaat zwar nicht obsolet, aber weniger relevant macht. Wenn ein ägyptischer Blogger nicht nur über die Revolution bloggen kann, sondern auch die Revolution mit Bitcoin finanzieren und sich mit Menschen aus der ganzen Welt verbinden kann, die die Ideen von Selbstbestimmung und Freiheit teilen, dann drücken sie durch die Verwendung dieser Währung als Individuum und Gemeinschaft ihre Souveränität aus.

Das ist die Welt, in der wir jetzt leben: eine Welt, in der Währungen koexistieren können und in der, durch die Verbreitung einer Währung, Souveränität geschaffen wird.

Vielen Dank.

Bitcoins Design-Prinzipien

Dieser Vortrag wurde im Juni 2015 im Harvard Innovation Lab in Boston, Massachusetts im Rahmen des IDEO Lab Design-Workshops gehalten. In diesem zweitägigen Workshop traten Studierende gegeneinander an und erstellten Prototypen neuer Anwendungen auf Basis von Bitcoin und Blockchains.

Video-Link: https://www.youtube.com/watch?v=Ur037LYsb8M

Guten Morgen! Wow, was für eine schwierige Aufgabe Sie haben. Einfach gesagt, müssen Sie versuchen zu verstehen, *was Bitcoin ist.* Ich kann diese Frage mit vier Worten beantworten. Bitcoin ist digitales Geld. Aber das greift nicht weit genug. Es ist eher das Internet des Geldes. Aber in Wirklichkeit ist es ein dezentralisiertes Konsens-Netzwerk basierend auf Blockchain-Technologie und einem Proof-of-Work Algorithmus, das einem digitalen Token ermöglicht, als Belohnungssystem für einen spieltheoretischen Wettbewerb zwischen dezentralisierten Minern zu fungieren, die validieren–und "Oh je...," es wird sofort wahnsinnig kompliziert.

Auch nach ein paar Jahren der Beschäftigung mit der Frage "Was ist Bitcoin?" werden Sie feststellen, dass Sie immer noch dazulernen, immer noch versuchen zu verstehen, was es ist. Ein Grund dafür ist, dass Bitcoin eine wirklich neue Technologie ist, es ist eine wahrhaft disruptive Technologie, aber es ist auch eine Abstraktion einer sehr alten Technologie. Diese Technologie ist Geld. Geld ist ein Werkzeug, es ist eine Technologie. Es teilt tatsächlich Gemeinsamkeiten mit linguistischen Strukturen, weil wir es fast wie eine Sprache nutzen, um in einer Gesellschaft Wert untereinander zu kommunizieren.

Geschichte des Geldes

Wer kann mir sagen, wie alt Geld ist? *Person aus dem Publikum: "Fünftausend Jahre?"* Okay, das ist eine gute Schätzung. Ein bisschen älter. Versuchen Sie es nochmal! Das Problem beim Verstehen der Geschichte des Geldes ist, dass Geld älter ist als die Geschichte selbst. Wir können hergehen und uns Schriften über Geld ansehen. Geld ist älter als Schrift. Das kann ein bisschen verwirrend sein. Man denkt: "Geld ist älter als Schrift? Das kann nicht sein!" Wer sich die ältesten uns erhalten gebliebenen Formen der Schrift ansieht, erkennt, dass es Tabellenkalkulationen sind. Es sind Kontobücher. Die ersten Dinge, die mit Zweigen und ähnlichen Dingen auf Tafeln gekratzt wurden, waren Kontobücher. Sie stellen dar, wie viele Amphoren Öl dem Pharao gegeben wurden. Wenn man noch weiter zurückgeht, finden wir in den Ruinen von antiken Zivilisationen antike Formen des Geldes: Perlen, Federn, Muscheln, riesige Steine. Geld hat viele Formen angenommen und es existiert beinahe so lange wie Sprache. Das ist wirklich eine sehr alte Technologie. Es sind also keine 5.000 Jahre. Geld ist eher um die 500.000 Jahre alt.

Affen und Geld

In der Tat sehen wir Geld bei anderen Spezies auftauchen. Hoch intelligente Arten wie Affen, bestimmte Vogelarten wie Krähen, sogar Meeressäuger wie Delfine benutzen Formen von Wertmarken, um gegenseitig Wert auszudrücken. Sie lernen sehr schnell die Funktionsweise des Geldes kennen. Man kann Affen beibringen wie sie einen Kieselstein gegen eine Banane tauschen. Das wird ganz rasch Teil dieser Primaten-Kultur und an die nächste Generation weitergegeben. Die Affen beginnen ökonomische Aktivitäten zu erfinden. Keine freundlichen ökonomischen Aktivitäten. Sie erfinden stark-bewaffneten Raubüberfall: "Schlag' den anderen Affen und nimm' seine Kieselsteine, damit du Bananen bekommst." Sie lassen sich sexuelle Gefälligkeiten einfallen, um sie gegen Kieselsteine zu tauschen und dafür Bananen zu bekommen. Sie erfinden einige der ersten ökonomischen Aktivitäten.

> *"Hoch intelligente Arten wie Affen, bestimmte Vogelarten wie Krähen, sogar Meeressäuger wie Delfine benutzen Formen von Wertmarken, um gegenseitig Wert auszudrücken."*

Geld ist uralt, es ist eine absolut antike Technologie und niemand von uns versteht es wirklich. Wenn Sie einen Beweis dafür wollen, setzen Sie sich hin und erklären einem vierjährigen Kind Geld. Sie werden sehr schnell bemerken, dass das Kind sehr gute Fragen stellt, die Sie nicht beantworten können. Man kann Eltern dabei zusehen, wie sie das bewältigen wollen, es ist total lustig:

"Mama, wo kommt das Geld her?" "Die Banken machen es." "Wie machen sie es?" "Nun, sie drucken es." "Warum können wir dann nicht mehr davon haben?" "Geh dein Zimmer aufräumen."

In einem Gespräch unter Erwachsenen sind Sie ebenfalls etwa vier Fragen zum "Geh dein Zimmer aufräumen" entfernt, denn Erwachsene verstehen Geld nicht wirklich. Obwohl es ein kulturelles Artefakt unserer menschlichen Spezies ist, das uns seit hunderttausenden Jahren begleitet, verstehen wir nicht, wie es funktioniert.

Eigenschaften des Geldes

Wir haben mehrere technologische Stufen des Geldes erlebt. Wir starteten mit sehr einfachen Formen des Geldes. Diese einfachen Formen hatten bestimmte einzigartige Eigenschaften, die sie zur Nutzung als Geld gut geeignet machten. Was macht gutes Geld aus? Es soll selten sein. Muscheln, Federn. Man kann Muscheln als Geld nutzen, außer man lebt am Strand; wenn man am Strand lebt, kann man Muscheln nicht als Geld verwenden. Man soll den Wert einfach transportieren können. Also muss es mobil sein. Mit wenigen Ausnahmen sind die meisten Formen des Geldes sehr mobil. Wenn der benötigte Betrag für den Kauf einer Kuh schwerer ist als die Kuh, ist es als Geld nicht gut geeignet. Daher wird Gold meistens nicht für große Transaktionen verwendet. Es ist zu schwer. Andere Eigenschaften des Geldes. . . Es muss schwierig zu fälschen sein; es muss schwer sein, mehr davon zu erschaffen. Man sollte auf einen Blick oder relativ leicht erkennen, ob es echt ist. Es sollte austauschbar sein. Wenn ich Muscheln verwende, ist diese oder jene Muschel zwar das gleiche Geld, aber sie unterscheiden sich vermutlich voneinander. Wenn ich Ihnen einen Dollar gebe, ist es egal, welchen Dollar ich Ihnen gegeben habe; er ist austauschbar, also fungibel. Jeder Dollar kann jeden anderen Dollar ersetzen.

> *"Geld ist eine Abstraktion. Wenn es keine Abstraktion ist, dann ist es kein Geld – es ist Tauschhandel."*

Das sind die Technologien und im Laufe der Zeit haben wir allmählich Abstraktionen erschaffen. Geld selbst ist eine Abstraktion. Wenn es keine Abstraktion ist, dann ist es kein Geld – es ist Tauschhandel. Wenn ich Ihnen Bananen für Ihre Ziege gebe, ist das kein Geld. Bananen sind kein Geld, weil man sie isst. Man verwendet sie nicht für weiteren Austausch. Daher ist es Tauschhandel. Man tauscht eine Ware gegen eine andere aus. Wenn es abstrakt ist – wenn es in sich selbst keinen praktischen Nutzen hat – dann repräsentiert es als Abstraktion des Geldes etwas anderes, einen gemeinschaftlichen Wert.

Was zu der unausweichlichen Schlussfolgerung über Geld führt: Geld ist eine gemeinschaftliche, kulturelle Halluzination. Es ist eine gemeinschaftliche Täuschung. Wir gehen durchs Leben und schließen Pakte mit anderen Menschen auf Basis keimhaltiger, mit grüner Tinte bedruckter Baumwollstücke. Eine auf der Erde gelandete außerirdische Anthropologin würde das sehr, sehr eigenartig finden. Dass durch das einfache Austauschen dieser Baumwollstücke, soziale Beziehungen, Transaktionen und Handel entstehen – man sich ernähren kann, eine Behausung errichten, etc., etc. Es ergibt nicht viel Sinn, aber es beruht auf einer gemeinschaftlichen Halluzination. Es basiert auf der Annahme, dass, wenn Sie mir heute einen Dollar geben, jemand anderer diesen Dollar morgen im Austausch gegen etwas Wertvolles akzeptieren wird. Wenn ich daran glaube, dass das der Fall ist, dann hat es einen Wert. Der Wert stammt von der Annahme, dass ich es wieder benutzen kann.

"Geld ist eine gemeinschaftliche, kulturelle Halluzination."

Nur eine weitere Abstraktion des Geldes

Bitcoin ist einfach die neueste Stufe der Abstraktion. Wir erschufen schon andere Abstraktionen, aber jedes Mal, wenn wir Geld abstrahieren, dreht die Gesellschaft durch. Denn dieses neue Ding kann unmöglich echtes Geld sein. Drehen wir die Zeit zurück und sehen wir uns an, was bei der Einführung von Münzen passierte, die nicht auf Edelmetall gestanzt wurden und im Anschluss mit den Papiernoten. Als die Papiernoten das erste Mal in Umlauf gebracht wurden, glaubte niemand, dass sie Wert hatten. Die gemeinschaftliche Halluzination hatte sich noch nicht durchgesetzt. Es war sehr schwer Menschen dazu zu bewegen, ihre Gold- oder Silbermünzen gegen Papier einzutauschen. Gegen Papier auf dem stand, dass der Gegenwert in Gold in einem Tresor liegt. Danach ging man noch einen Schritt weiter, ließ das Gold aus dem Tresor verschwinden und sagte: "Es gibt keine Goldbindung mehr, es ist nur Papier."

"...jedes Mal, wenn wir Geld abstrahieren, dreht die Gesellschaft durch, denn dieses neue Ding kann unmöglich echtes Geld sein."

Wenn ich Leute zu Bitcoin frage, höre ich von den meisten Menschen als erstes, dass es kein echtes Geld ist, weil es nicht durch Gold abgesichert wird wie der US-Dollar – was ich erstaunlich finde. Der Dollar wird seit 1936 nicht mehr durch Gold abgesichert. Doch die meisten Menschen denken, dass irgendwo, möglicherweise in Fort Knox oder irgendeinem anderen Filmstandort, in einem Tresorraum Goldbarren sind und Barren für Barren die Papierstücke repräsentieren, die man in der Tasche hat. Tun sie nicht. So etwas gibt es nicht. Warum ist Bitcoin Geld? Weil andere Leute denken, dass es Geld ist. Es werden ein Dutzend Doktorarbeiten geschrieben, die genau erklären, warum Bitcoin kein Geld ist . . . trotzdem habe ich zwei Jahre von Bitcoin gelebt. Deshalb ist es egal, was Dissertationen sagen. Für mich ist es Geld, *denn* ich habe zwei Jahre davon gelebt. So wie Tausende andere Leute. Deshalb ist es für mich sehr wohl echtes Geld.

Bitcoin und Design

Sie haben die Aufgabe bekommen, Designs und Konzepte rund um die älteste Technologie der Welt, die nur von sehr wenigen Menschen wirklich verstanden wird, zu kreieren. Ihre neueste, abstrakteste Erscheinung ist völlig zusammenhangslos mit früheren Erscheinungen des Geldes und ist als Technologie äußerst komplex. Das ist eine wirklich schwierige Aufgabe. Angesichts dieser Aufgabe empfiehlt sich als Einstiegstechnik die Verwendung von Metaphern. Design-Metaphern sind extrem mächtige Werkzeuge. Sie ermöglichen es, Erwartungen zu erzeugen. Metaphern sind Werkzeuge, mit denen wir Erwartungen erschaffen. Wenn man einen Desktop-Computer hat, geht man davon aus, dass etwas passiert, wenn man etwas über den Desktop zieht. Weil Sie tatsächlich einen echten Schreibtisch benutzt haben, wird diese Annahme Ihre Erwartungen erfüllen. Sie erwarten, dass es sich wie das Objekt verhält, das es vorgibt zu sein. Das ist eine Design-Metapher. Design-Metaphern sind extrem mächtig, aber sie sind auch extrem gefährlich, wenn sie falsch angewendet werden.

> *"Design-Metaphern sind extrem mächtig, aber sie sind auch extrem gefährlich, wenn sie falsch angewendet werden."*

Wallets sind keine Geldbörsen

Bei Bitcoin ist jede einzelne Begriffs- und Design-Metapher falsch und funktioniert nicht. Lassen Sie uns die Liste durchgehen. Sie haben sich vermutlich während der Beschäftigung mit Bitcoin mit der gesamten Terminologie abgemüht. Als erstes, eine "Wallet". Was ist eine Wallet? Eine Wallet, also eine Geldbörse ist etwas, das Geld aufbewahrt. Nein, nicht bei Bitcoin. Das Geld ist nicht in der Wallet; das Geld ist im Netzwerk. Die Wallet enthält Schlüssel. Also ist es keine Geldbörse; es ist ein Schlüsselbund. Wieso man wissen kann, dass es keine Wallet ist? Kann man eine Geldbörse kopieren? Nein. Aber man kann einen Schlüssel kopieren. Ein Schlüsselbund ist eine viel bessere Metapher. Wenn ich einen Schlüsselbund habe – stellen Sie sich einen großen Schlüsselbund vor, wie der eines Hausmeisters – habe ich ein paar Schlüssel mit denen ich in einen Laden gehen, alle diese Schlüssel duplizieren und einen zweiten Schlüsselbund erstellen lassen kann.

Beide Schlüsselbunde funktionieren an jedem Schloss, zu denen der originale Schlüsselbund passt. So funktioniert ein Schlüsselbund. Wenn Sie verstehen, was ein Schlüsselbund tut, dann verstehen Sie, wie eine Bitcoin Wallet funktioniert. Man kann sie kopieren, man kann Kopien der Schlüssel erstellen. Wenn man jemandem eine Kopie des Schlüssels gibt, kann diese Person das Türschloss öffnen. Man braucht keine Erlaubnis mehr, um die Tür zu öffnen.

Also, eine Wallet ist keine Geldbörse; es ist ein Schlüsselbund. Das ist eine schreckliche Metapher. Man hat Erwartungen an das, was eine Wallet ist. Sie wird Dinge enthalten. Diese Dinge werden unterscheidbar und auflistbar sein. Doch nichts davon trifft bei Bitcoin zu.

Keine Münzen bei Bitcoin

Beginnen wir bei den Grundlagen: "Bit - coin." *Coin*. Was für ein schreckliches Wort. Was für eine schreckliche Marke. *Coin*. Wir nehmen die abstrakteste Form des Geldes, die wir je kreiert haben, die auf einem vollständig dezentralisierten Netzwerk basiert und ohne Coins auskommt und dann nennen wir es "Bitcoin". Nur um alle zu verwirren. Eine Münze ist viel weniger abstrakt und ist eine besser austauschbare und physikalisch greifbare Form des Geldes, die zwei technologische Generationen in der Entwicklung des Geldes zurück liegt. Man hat also die abstrakteste Darstellung des Geldes genommen und sie nach der greifbarsten Darstellung des Geldes benannt. Nur Ingenieuren kann so etwas einfallen.

Hier ist ein kleines Geheimnis: Es gibt keine Coins bei Bitcoin. Wenn Miner schürfen, erzeugen sie keine Coins; sie erstellen Einträge im Kontobuch. Diese Einträge listen keine Coins. Sie haben Outputs – Transaktions-Outputs, diese sind Einheiten eines Werts, der unendlich teilbar und neu kombinierbar ist. Coins können das nicht. Man kann keine Coins in Bitcoin abbilden, weil es keine Coins gibt.

Also, man hat eine "Geldbörse", die keine "Münzen" enthält - weil die Coins eigentlich im Netzwerk sind und es keine Coins gibt, sondern Outputs – und was man tatsächlich besitzt, ist ein Schlüsselbund. Transaktionen bewegen sich nicht von einem Absender zu einer Empfängerin. Adressen haben keinen Kontostand bei Bitcoin. So etwas wie den Kontostand einer Adresse gibt es nicht. Eine Adresse steuert die Outputs und wenn man durch die Blockchain navigiert und alle Outputs summiert, kann man auf vermutliche Kontostände schließen. Ob es möglich ist, sie auszugeben oder nicht, wie hoch der Betrag ist, ist eigentlich ziemlich schwer zu bestimmen. Es gibt keinen "Kontostand". Man hat kein "Konto" bei Bitcoin.

All diese Begriffe funktionieren nicht. Das Problem aus einer Design-Perspektive ist, anstelle von Metaphern, die unsere Erwartungen in die richtige Richtung lenken, legen sie falsche Schlüsse nahe. Dies schafft die Grundlage für gewaltige Missverständnisse, weil wir denken, dass es etwas auf eine bestimmte Art und Weise tun wird, aber es endet darin, dass es etwas völlig anderes macht, etwas Unerwartetes. Ähnlich wie der Windows-Desktop. Keine Ahnung, ob Sie jemals einen Mac und einen Windows-Desktop verglichen habe. Für mich haben Windows-Desktops keine Konsistenz. Die Metapher ist komplett funktionsuntauglich. Man erwartet, dass es eine Sache macht, doch es tut etwas völlig anderes und verwirrt. Das Wesen guten Designs ist, eine Metapher zu wählen, die die Erwartungen erfüllt.

"Das Wesen guten Designs ist, eine Metapher zu wählen, die die Erwartungen erfüllt."

Skeuomorphismus

Hier ist das nächste große Problem mit Metaphern und Design. Es gibt ein bestimmtes Konzept namens *Skeuomorphismus.* Das Wort *skeuomorph* bedeutet "ein Schatten seines früheren Selbst." Die eigene Form als Schatten. Das bedeutet, man kreiert Elemente im Design, die Referenzen oder Hinweise auf seine vorherige Form geben. Zum Beispiel, ein klassisches Beispiel, in der ersten Entwicklungsstufe der iPads enthielt die iOS Software eine Menge skeuomorphes Design. Wenn man die Kontaktdatenbank öffnete, war sie in Leder gebunden. Das Leder hatte Nähte. Die Nähte hatten keine Bedeutung. Es war nur ein Designelement ohne funktionellen Zweck, dessen Absicht es war, Personen in eine vertraute Denkweise zu versetzen, um die Metapher zu verstehen. Wenn man ein Kartenspiel auf dem Computer spielt, ist Filz unter den Karten zu sehen. Warum? Um den Eindruck zu vermitteln, im Casino zu spielen. Skeuomorphes Design ist extrem mächtig. Es ist auch extrem gefährlich. Wird es nicht korrekt genutzt, erzeugt es falsche Erwartungen.

Bei Bitcoin gibt es viel skeuomorphes Design. Mein Favorit und meine am meisten abgelehnte Form des Skeuomorphismus ist das Bild, das man in allen Artikeln, die über Bitcoin geschrieben werden, sehen wird: ein Stapel Goldmünzen mit dem Buchstaben *B* darauf, üblicherweise die von Mike Caldwell entworfene Casascius-Münze oder vielleicht eine der anderen Abwandlungen davon. Es wird die schlechteste Design-Metapher von Bitcoin genommen, das Wort "Coin", davon wird eine schöner dargestellte Form, die es noch physischer aussehen lässt, in skeuomorphen Design gerendert, die dann alle völlig verwirrt. Leute gehen wirklich auf eBay und kaufen sich etwas, das sie für "Bitcoin" halten. Sie kaufen vergoldete, physische Münzen, die nichts mit der Blockchain zu tun haben, aber der Buchstabe *B* ist darauf eingestanzt. Sie sagen, "Seht her, ich habe mich der Revolution des digitalen Geldes angeschlossen", doch diese anfassbaren Repliken haben kaum einen Wert in Bitcoin. Das ist das Resultat. Dann schreiben Leute Artikel mit dem

Bild und man denkt: "So sieht also ein Bitcoin aus." Ein Bitcoin sieht nicht so aus, denn wenn Sie sich erinnern, dürfte ich gesagt haben, dass es keine Coins gibt. Das ist gefährlich.

Design für Innovation

Es ist eine wirklich schwierige Aufgabe gute Metaphern für Bitcoin zu designen, weil es keine Parallelen gibt. So etwas hat es vorher noch nie gegeben. Wir tappen in die Falle, dass wir unsere früheren Erfahrungen in die Zukunft ableiten und verfehlen dadurch völlig die Erwartungen. Disruptive Technologien machen sowas. Wenn man bei einer inkrementellen Technologie das nimmt, was man zurzeit versteht und dann ein Milligramm Vorstellungsvermögen nutzt und das aktuelle Wissen ein klein wenig erweitert, versteht man die neue Technologie, denn es ist eigentlich nur eine kleine Verlängerung der Vergangenheit. Bitcoin ist ein radikaler Bruch mit der Vergangenheit. Das Wissen wie traditionelles Geld funktioniert, hilft nicht Bitcoin zu verstehen. Wenn überhaupt, dann hindert es Sie, Bitcoin zu verstehen. Die Leute, die Bitcoin am wenigsten verstehen, sind Währungsökonomen. Sie können damit nicht klar kommen. Sie werden lange Thesen darüber verfassen, warum Bitcoin kein Geld ist, trotz der Tatsache, dass ich seit Jahren davon lebe.

> *"Bitcoin ist ein radikaler Bruch mit der Vergangenheit. Das Wissen wie traditionelles Geld funktioniert, hilft nicht Bitcoin zu verstehen."*

Disruptive Technologien zu verstehen, ist noch schwieriger als inkrementelle Technologien zu verstehen, denn die interessantesten Dinge haben keine vorhergehende Parallele. Betrachten Sie das in etwa so. . . Blicken Sie zurück auf *Raumschiff Enterprise* in den 1970er Jahren. Was hat man in der Serie richtig vorhergesehen? Es gab Tricorder. Es gab tragbare Kommunikatoren. Es gab Videotelefonie. Es gab alles, was mit der Technologie der 1970er Jahre vorhersehbar war. Es hätte unmöglich das Internet geben können. Man konnte die Idee vernetzter Informationsspeicher nicht verstehen. Es gab fantastische Computer, die mit einem reden konnten, aber sie hatten keinen Zugriff auf irgendwelche Daten. Es hätten unmöglich Dinge wie soziale Medien vorhergesagt werden können. Am wichtigsten ist, und wenn Sie darauf achten, wird Ihnen das auffallen: im *Raumschiff Enterprise* gab es überhaupt kein Geld. Nirgendwo im *Raumschiff Enterprise* Universum gab es Geld. Warum das? Weil die vorhersehbarste

Vorstellung einer zukünftigen Gesellschaft, eine Gesellschaft ohne Geld ist, eine Gesellschaft ohne eine Sprache für die Übertragung von Wert. Das ist wahrscheinlich die radikalste Abweichung von der Realität.

Die Zukunft vorhersagen

Wenn wir versuchen die Zukunft vorherzusagen, gibt es manche Bereiche, die für uns vollkommen unvorstellbar sind. Das sind die Bereiche, die noch nie zuvor entdeckt wurden. Das sind die Anwendungen, die wir uns nicht vorstellen können, denn damit sie entstehen können, müssen sich viele Dinge noch vorher ergeben. Damit das Web entstehen konnte wurde ein gemeinsames standardisiertes Übertragungsprotokoll benötigt. Damit das Web soziale Medien zur Welt bringen konnte, war die massive Verbreitung einfacher E-Mail und TCP/IP-Verbindungen nötig. Die Verbreitung der Verbindungen mit "immer-an" Status war notwendig. Kleine, in die Hand passende, mobile Geräte mit extrem hoher Rechendichte und Internetverbindung wurden gebraucht. Alle diese Dinge mussten verwirklicht werden, bevor soziale Medien überhaupt möglich wurden.

> *"Wenn wir das Internet von 1992 betrachten, glauben wir, es wird das Telefon ersetzen. Das ist die einzige Erfahrung, die wir haben."*

Wenn wir das Internet von 1992 betrachten, glauben wir, es wird das Telefon ersetzen. Das ist die einzige Erfahrung, die wir haben. Das Internet ist ein modernes Telefon. Möglicherweise ist es ein modernes Telefon/Fax, vielleicht ein multifunktionales Drucker/Faxgerät/Telefon. Es ist sehr schick. Also studieren die Telefongesellschaften das und sagen: "Oh, es ist ein modernes Telefon. Wir können das auch." Zum Glück lagen sie falsch. Ansonsten wäre da immer ein kleiner Schlitz an der Seite meines Computers und ich müsste alle drei Sekunden einen Vierteldollar einwerfen, um einen Skype-Anruf zu tätigen. Glücklicherweise haben die Telefongesellschaften nicht die Regeln geschrieben. Sie konnten unmöglich die Folgen vorhersehen, die wir beim Internet sehen konnten, da die meisten interessanten Sachen nicht inkrementelle Verbesserungen waren oder Erweiterungen der vorangegangenen Dinge. Sie waren radikale Abweichungen der Vergangenheit, weil sie die Voraussetzungen für Dinge geschaffen haben, die vorher nicht möglich waren.

Lassen Sie uns zurück zu Bitcoin gehen und kurz darüber nachdenken. Erinnern Sie sich, worüber wir gesprochen haben: Finanztransaktionen, Bankgeschäfte, Zahlungen. "Es ist eine moderne Kreditkarte." "Im Grunde ist es Paypal. Es ist ein globales Paypal." Das ist es nicht. Es ist etwas völlig, grundverschieden anderes, und wir können nicht begreifen, wo das hinführen wird. Die Anwendungen, die auf Bitcoin entstehen werden, die wirklich interessanten Anwendungen sind jene, die nur entstehen können, wenn ausreichend Akzeptanz und Verbreitung dieser Technologie erreicht wurde – die Möglichkeit grenzüberschreitende Transaktionen, auf einem in der Geschichte der Menschheit nie dagewesenen Level, durchführen zu können.

> *"Erinnern Sie sich, worüber wir gesprochen haben: Finanztransaktionen, Bankgeschäfte, Zahlungen. Es ist eine moderne Kreditkarte. Im Grunde ist es Paypal. Es ist ein globales Paypal. Das ist es nicht. Es ist etwas völlig, grundverschieden anderes."*

Heute gibt es drei Milliarden Menschen, die keinerlei Zugang zu Banken haben. Drei Milliarden mehr sind – "underbanked", wie wir es nennen – ohne Zugang zu internationalen Krediten oder Finanzen. Sie oder ich können jetzt direkt auf eine Broker-Webseite gehen und innerhalb von vierundzwanzig Stunden ein US-Dollar-Konto besitzen, mit dem wir an der Tokioter Börse handeln könnten. Das ist ein Privileg. Das ist eine Möglichkeit für weniger als eine Milliarde Menschen in der Welt. Eine Person von sieben. Die anderen sechs Milliarden? Sie haben ein rudimentäres Konto, wenn überhaupt eines. Viele von ihnen leben in Gesellschaften, die auf Bargeld oder Tauschhandel basieren. Nun, die Frage, die gestellt werden muss ist, was passiert, wenn ein Bauer in Kenia mit einem Nokia 1000 SMS-Telefon plötzlich ein Bloomberg-Terminal, ein Kreditvergabe-Terminal, ein Western Union Überweisungs-Terminal oder eine Börse auf dem Telefon hat? Dabei *ist* Bitcoin sogar eine Bank – kein Terminal für eine Bank, sondern eine Bank, am Telefon! Und was passiert, wenn das den anderen sechs Milliarden auf der ganzen Welt ermöglicht wird?

Ein Grund, warum Bitcoin unaufhaltbar ist, ist, weil es ein großes Bedürfnis für diese Technologie gibt. Die Banken in den Entwicklungsländern können ihre Dienstleistungen nicht auf diese Bevölkerung ausdehnen. Kürzlich sprach ich mit einer Bankangestellten, die mir sagte: "Die Hälfte unserer Bevölkerung ist 160 Kilometer von der nächsten Niederlassung entfernt, stromaufwärts, mit einem Kanu. Wir können sie nicht bedienen." Aber selbst das abgelegenste Dorf im Amazonasbecken hat einen Mobilfunkmast und jemand in diesem Dorf besitzt ein Solar-Panel und ein Nokia 1000 SMS-Telefon. Es gibt mehr Nokia-Mobiltelefone auf dieser Welt als irgendeine andere Art von elektronischem Gerät. Es ist das am häufigsten hergestellte Gerät, das die Menschheit jemals produziert hat. Fast fünf Milliarden Menschen haben Zugang zu Mobiltelefonen. Fast drei Milliarden Menschen haben Zugang zu Mobiltelefonen und keinen Zugang zu sauberem Trinkwasser. Halten Sie sich das vor Augen. Mobiltelefone sind auf unserem Planeten weiter verbreitet als Wasser. Was passiert, wenn jeder einzelne von denen ein Banker ist. Für mich ist die Vision von Bitcoin nicht, den anderen sechs Milliarden Zugang zum traditionellen Bankwesen zu verschaffen; die Vision ist, uns alle vom Bankwesen zu befreien. Wir können es schaffen. Das Bankwesen ist eine App.

> *"Für mich ist die Vision von Bitcoin nicht, den anderen sechs Milliarden Zugang zum traditionellen Bankwesen zu verschaffen; die Vision ist, uns alle vom Bankwesen zu befreien."*

Innovation in den Zwischenräumen

Das ist erst der Anfang. Die wirklich interessanten Dinge bei Bitcoin passieren in der, wie ich es nenne, "interstitiellen Innovation" – die Innovation in den Zwischenräumen, in jenen Räumen, die heutige Systeme nicht erreichen können. Technologien haben eine interessante Wirkung, wenn sie plötzlich die Grundannahmen ändern. Einige der kraftvollsten Dinge, die im Internet passieren, geschehen nicht nur wegen der Konnektivität, sondern wegen der Marginalkosten der Übertragung von Informationen über Distanzen. Vor dem Internet kostete das Bewegen von Informationen von Punkt A nach Punkt B viel Geld. Das Internet hat diese Kosten gegen Null getrieben. Das Ergebnis war, das Millionen von Anwendungen, die auf der vorherigen Kostenbasis nicht vorstellbar waren - selbst wenn wir sie uns vorstellen konnten - plötzlich möglich wurden. Warum um alles in der Welt würde man Musik streamen anstatt sie zu kaufen und lokal zu speichern? Weil es nichts kostet. Sobald es nichts kostet und man Musik streamen kann, erkennt man plötzlich, dass Besitz überschätzt wird. Sobald eine ganze Generation das realisiert, wird geistiges Eigentum als überschätzt gelten. Tschüss, Musikindustrie. Diese Effekte entstehen, weil die Technologie die grundlegenden Kosten bestimmte Dinge zu tun, verändert.

Lassen Sie uns darüber nachdenken, was passiert, wenn Bitcoin die Transaktionskosten verändert – für Transaktion über weite Distanzen, Übermittlung von Wert, Aufzeichnung von Information und Aufzeichnung von Informationen in unveränderbarer Weise. Was geschieht, wenn es zum allerersten Mal ein System gibt, das Regeln ohne menschliches Zutun auswerten kann, denen vertraut wird, ohne irgendeinem Menschen vertrauen zu müssen? Bei Bitcoin nennen wir das die Aufhebung des Gegenparteirisikos. Wenn ich eine Transaktion erstelle und sie unterzeichne, kann jeder diese Transaktion im Bitcoin-Netzwerk unabhängig prüfen. Niemand muss gefragt werden. Sie können die Blockchain auf dem eigenen Rechner durchforsten. Die Blockchain, von der Sie wissen, dass sie korrekt und wahr ist, weil Sie sie selbst aufgezeichnet und auf der Grundlage von Proof-of-Work aufgebaut haben. Sie können diese Transaktion überprüfen, 350 Bytes, und Sie können diese Transaktion bestätigen, ohne jemand anderen fragen zu müssen. Ein selbstprüfendes System, ein System von Regeln, das unabhängig von menschlichen Akteuren funktioniert, basierend auf der existierenden Netzwerktopologie.

> *"Was geschieht, wenn es zum allerersten Mal ein System gibt, das Regeln ohne menschliches Zutun auswerten kann, denen vertraut wird, ohne irgendeinem Menschen vertrauen zu müssen? Bei Bitcoin nennen wir das die Aufhebung des Gegenparteirisikos."*

Was bedeutet das? Was wird im Handel und bei Transaktionen passieren? Wir können uns vorstellen, was mit dem Bankwesen passieren wird. Wir können uns vorstellen, dass es Western Union in diesem Jahrzehnt sehr schwer haben wird. Wer den ärmsten Menschen der Welt 30% verrechnet, verdient es, aufgrund disruptiver Technologien unterzugehen. Letztes Jahr sagte der CEO von Western Union: "Wir machen uns mittelfristig keine Sorgen wegen Bitcoin." Ich will das gerahmt an meine Wand hängen. Es ist einer dieser Sätze, wie ihn der Boss von Kodak aussprach als Nokia ihnen erst die Butter und dann das ganze Brot nahm. Kodak war das größte Kamera-Unternehmen der Welt, bis zu dem Zeitpunkt, wo ein Unternehmen, das nicht einmal im Kamerageschäft war, eine Milliarde Kameras in einem Jahr auslieferte und ihre Industrie zerstörte. Sie haben es nicht kommen sehen. Nokia ist übrigens der größte Hersteller von Kameras weltweit, mit Abstand. Das wird Western Union genauso passieren.

Das ist der einfache Teil. Was passiert, wenn die Validierung der Regeln ohne dritte Partei durchgeführt werden kann? Dies verändert einige der heute grundlegenden gesellschaftlichen Institutionen. Es verändert das, was das *Coase-Theorem* genannt wird, also der Aufwand in der Verwaltung, der in Organisationen entsteht. Wenn wir etwas als Team machen wollen, können zwei Leute mehr tun als das, was eine Person machen kann. Drei Menschen können noch mehr bewirken. Doch dafür gibt es eine Grenze. Sobald eine Gruppe zu groß wird, ist der Mehraufwand der Kommunikation zwischen den Teilnehmenden einer Gruppe größer als die marginale Effizienzsteigerung. Das heisst, mehr Leute hinzuzufügen, verschlimmert das Ganze, denn die Gruppe vergrößert sich zu schnell. Bitcoin ändert dies in großem Stil, denn es verringert den Koeffizienten des Organisierens, auf der transaktionellen, auf der kommerziellen und auf der Basis des unabhängigen Validierens. Wir schaffen es, dass etwa eine Million Menschen, etwa fünftausend Maschinen, sich alle zehn Minuten über den Zustand eines Kontobuches einigen, zu extrem niedrigen Kosten. Das hat es noch nie zuvor gegeben. Es öffnet die Tür für Dinge, die wir uns nicht einmal vorstellen können. Bitcoin stellt einen radikalen Umbruch hinsichtlich der Entwicklung der Vergangenheit in die Zukunft dar.

Lassen Sie uns ein einfaches Beispiel nehmen: Personalität. Personalität ist erforderlich für finanziellen Besitz. Um Geld zu besitzen, um Mittel zu kontrollieren, um ein Bankkonto zu haben, um eine Rechnung zu erhalten, jemanden zu bezahlen, muss man eine Person sein. Überall auf der Welt in jedem Zahlungs- und Finanznetzwerk das existiert, besitzen Menschen Geld. Sie können es in Form von Unternehmen besitzen, doch das sind nur Menschen, die sich zusammentun. Sie können Vertretungen, Agenten und Dinge dieser Art verwenden, aber das sind nur Menschen die zusammenarbeiten. Bitcoin erfordert keine Personalität. Ein Software-Agent kann Geld besitzen. Ein Stück Software kann autonom Geld kontrollieren, ohne jegliches menschliches Eingreifen. Das ist in der Geschichte der Menschheit noch nie dagewesen. Wir haben noch nie erlebt, was als nächstes passieren wird.

Hier ist ein kleines Gedankenexperiment: Lassen Sie uns drei radikal disruptive Technologien nehmen und sie miteinander vermischen. Bitcoin. Uber. Selbstfahrende Autos. Was entsteht, wenn man die drei miteinander vermischt? Autonome Autos. Ein Auto, das den Toyota-Mietvertrag, die Versicherung und den Benzin selbst bezahlt, indem es Menschen Fahrten bereitstellt. Ein Auto, das keinem Unternehmen gehört. Ein Auto, das ein Unternehmen *ist*. Ein Auto, das Aktionär und Eigentümer seines eigenen Unternehmens ist. Ein Auto, das als autonome finanzielle Einheit existiert, ohne menschlichen Besitz. Sowas hat es nie zuvor gegeben und das ist erst der Anfang. Im Publikum schnappt jemand nach Luft: "Oh Shit!"

"Lassen Sie uns drei radikal disruptive Technologien nehmen und sie miteinander vermischen. Bitcoin. Uber. Selbstfahrende Autos. Was entsteht, wenn man die drei miteinander vermischt? Autonome Autos."

Ich kann Ihnen garantieren, eines der ersten verteilten autonomen Unternehmen wird ein völlig autonomer, auf künstlicher Intelligenz basierender Ransomware-Virus sein, der losgeht und Menschen online ihrer Bitcoin berauben und sich mit diesem Geld weiterentwickeln wird, um bessere Programmierung für sich selbst zu bezahlen, um Hosting zu kaufen und um sich zu verbreiten. Das ist eine Vision der Zukunft. Eine andere Vision der Zukunft ist digitale autonome Wohltätigkeit. Stellen Sie sich ein System vor, das Spenden von Menschen entgegennimmt und diese nutzt, um soziale Medien wie Twitter und Facebook zu beobachten. Wenn eine bestimmte Schwelle erreicht wird und das System erkennt, dass hunderttausend Menschen über eine Naturkatastrophe geschrieben haben, zum Beispiel über einen Taifun auf den Philippinen, kann es die Spenden aufstellen und automatisch Hilfeleistungen in diesem Gebiet finanzieren, ohne Management Board, ohne Aktionäre. 100% der Spenden gehen direkt an wohltätige Zwecke. Jeder kann die Regeln einsehen, nach denen die autonome, altruistische Wohltätigkeitsarbeit funktioniert. Wir nähern uns Möglichkeiten, die wir noch nie hatten. Das ist nicht nur eine Währung.

Sehen wir uns nun an, wie die Bitcoin-Community dieses unglaubliche Potenzial mit ihren Design-Entscheidungen und Metaphern anspricht. Ohje, was für ein Schlamassel.

Erfahrung mit Geldautomaten

Nehmen wir ein einfaches Beispiel. Wie viele von Ihnen haben Erfahrung mit einem Bitcoin-Automaten? Wie war dieses Erlebnis? Wer hat es genossen? Niemand, das trifft es ziemlich gut. Was ist ein Geldautomat? Geldautomaten gibt es seit fünfundzwanzig Jahren. Welchen Zweck erfüllt ein Geldautomat? Was ist sein Ziel? *Aus dem Publikum: "Automatische Bargeldausgabe"*. Okay. Wenn Sie als Person mit einem Geldautomaten interagieren, haben Sie bereits eine Beziehung zu der Bank oder dem Finanzinstitut. Sie besitzen einen vorhandenen Kontostand, das primäre Ziel ist, Karte rein, Geld holen, wieder gehen. Zwanzig Sekunden sind zu lang. Drei Klicks sind zu viel. Die unglaublichste Innovation bei Geldautomaten in den letzten fünfundzwanzig Jahren war Fast-Cash. Das war es. Sie haben sich nicht wirklich viel verändert. Man drückt einen Knopf. Jetzt kann ich Bargeld mit einem Klick bekommen. Wow – fünfzehn Sekunden, rein und raus. Warum ist das wichtig? Weil einer der Hauptverwendungszwecke von Geldautomaten ist, dass sich um ein Uhr nachmittags einhundert Menschen vor vier oder fünf Geldautomaten im Zentrum der Stadt anstellen und versuchen 20 Dollar herauszuziehen, um Mittagessen zu kaufen. Das ist auf der ganzen Welt so.

Was ist der Zweck eines Geldautomaten? Für die Bank ist der Zweck eines Geldautomaten der, den Mehraufwand einer angestellten Person einzusparen und die Interaktion mit jemandem, der bereits eine Beziehung zur Bank hat, auf die kürzest mögliche Zeit zu reduzieren. Was hat das mit einem Bitcoin-Automaten gemeinsam? Absolut gar nichts.

Erlebnis am Bitcoin-Automaten

Sehen wir uns nun die Erfahrungen mit einem Bitcoin-Automaten an. Die meisten Menschen, die vor einem Bitcoin-Automaten stehen, haben Bitcoin noch nie zuvor gesehen. Es ist eine Person, die nicht versteht, was Bitcoin ist und dieser Automat ist ihre erste Erfahrung mit dieser Währung. Es ist eine Person, die keinerlei Beziehung zu jemandem im Bitcoin-Bereich hat. Es ist eine Person, die zur Zeit keine Wallet hat, weil sie nicht wusste, dass sie eine braucht. Sie weiß nicht, was eine Wallet ist und sie weiß sicher nicht, dass es eigentlich ein Schlüsselbund ist. Sie geht zu dieser Maschine und diese Maschine wurde von Ingenieuren entworfen, um das Erlebnis eines Geldautomaten zu simulieren, obwohl dieses Erlebnis absolut nichts mit dem Anwendungsfall zu tun hat, in den wir es bringen.

Also, gehen sie hin und der Automat versucht ihnen Bitcoin zu geben, mit so wenigen Klicks wie möglich, mit einem Minimum an Interaktion. Ist das die Art, wie man Markenbindung aufbaut? Ist das die Art Nutzungserlebnisse zu gestalten? Ist das ein geeigneter Weg neue Menschen mit Bitcoin bekannt zu machen? Meiner Meinung nach nicht. Dafür ist man nicht vorbereitet. "*Bitte halten Sie den QR Code auf Ihrem Smartphone an die Kamera.*" Man denkt: "Was? Was ist ein QR-Code? . . . Warte mal, ich gehe zu Google Play und suche nach 'QR-Code'. Es gibt eine App, die sie scannt, . . . die sollte ich vielleicht verwenden. (Nein, solltest du nicht!) Vielleicht sollte ich eine Bitcoin-Wallet benutzen. Oh, von denen gibt es sechsundzwanzig verschiedene. Welche ist die Beste? Ich weiß es nicht. Ich werde Circle nützen. . . . Oh, das erfordert eine bereits vorhandene Kundenbeziehung, hoppla. Ich werde Coinbase verwenden... Oh, das erfordert eine bereits vorhandene Kundenbeziehung. Oops."

Zu guter Letzt habe ich eine Wallet und ich zeige den QR-Code an, schiebe Geld rein und bekomme Bitcoin. Was mache ich jetzt damit? Ich habe soviele Fragen. Wer akzeptiert Bitcoin? Wo kann ich es ausgeben? Wie kann ich es verschicken? Wie kann ich es sichern? Sind sie weg, wenn ich mein Telefon verliere? Ich habe keine Ahnung. Warum? Weil diese verdammte Maschine mir nichts gesagt hat. Sie hat Bitcoin ausgespuckt und sich fünfzehn Sekunden später um den nächsten Kunden gekümmert.

Wenn ich einen Bitcoin-Automaten entwürfe, würde ich ihn in Bodegas stellen. Zweitens würde nichts in Englisch darauf stehen. Es wäre alles in Spanisch, weil ich das Modell der Heimatüberweisungen wirklich fördern will. Drittens hieße die erste Funktion des Automaten "*Geld nach Mexico City senden.*" Das war es. Ich will, dass die Menschen Bitcoin wirklich verwenden. Viertens, hätte ich einen großen Knopf an der Vorderseite auf dem steht: *Mit einem Menschen sprechen.* Da ist ein Gerät mit Internetverbindung, einer nach vorn gerichteten Kamera und einem Tablet-Bildschirm und sie wird nicht für Video-Kundendienst verwendet? Ernsthaft? Boom: Skype. Eine Person. "Was zur Hölle ist Bitcoin? Wo kann ich es ausgeben?" "Guten Tag mein Herr, ich sehe, dass Sie in der Bodega auf der 25. Straße sind. Es gibt drei Geschäfte in Ihrer Gegend, die Bitcoin annehmen. Lassen Sie mich Ihnen ein kurzes Einführungsvideo zeigen. Versammeln Sie alle Kinder im Laden und wir können gemeinsam zu einem kurzen Bitcoin-Lied tanzen. Lasst uns noch ein Video ansehen." Ich möchte nicht fünfzehn Sekunden interagieren. Ich will zwei Stunden interagieren und alle meine Freunde dazu bringen, sich vor die Maschine zu setzen, sich die kurzen Bitcoin-Videos anzusehen und über Bitcoin zu lernen. Die Maschine hat ein ansprechendes Design und sagt mir, wo ich Bitcoin ausgeben kann. Sie empfiehlt Wallets. Sie kann diese direkt an mein Smartphone senden. Sie baut Treue, Marke und Erfahrung auf. Das sollte keine fünfzehn Sekunden Interaktion sein. Doch das ist das erste Erlebnis, das viele Menschen mit Bitcoin haben werden. Das wäre die Möglichkeit, eine tiefgreifende, sinnvolle, Bildungserfahrung zu gestalten. Aber niemand stellt so etwas her.

Kinder benutzen Bitcoin

Hier ist noch ein kleiner Hinweis: Kinder benutzen Bitcoin. Weltweit liegt das jüngste Alter, in dem ein Bankkonto eröffnet werden kann, durchschnittlich bei sechzehn Jahren. Wenn diese sechzehnjährige Person zum ersten Mal zur Bank geht, wünsche ich mir, dass sie mindestens sechs Jahre aktive Erfahrung mit Bitcoin hat. Denn dann, wenn sie vor dem ersten Banker steht, wird sie sagen, "Drei bis fünf Tage?! Werktage?! Was zur Hölle ist ein Werktag? Was meinen Sie mit, Sie schließen um 17:00 Uhr? Ich komme kaum vor 17:00 Uhr aus der Arbeit raus. Was meinen Sie mit, ich muss Sie dafür bezahlen, mein Geld aufzubewahren. Das ist lächerlich. Haben Sie schon mal von Bitcoin gehört?!"

> *"Für viele junge Menschen wird Bitcoin die erste wirtschaftliche Erfahrung sein. Bevor sie in eine Bank gehen, werden sie mit dem Bankwesen abgeschlossen haben."*

Das ist das Erlebnis, das ich will. Stellen Sie sich vor! Zehnjährige eröffnen Bitcoin-Konten. Wissen Sie wieso? Sie können die App im Internet herunterladen und sind zum ersten Mal in Kontrolle ihres Geldes. Als Elternteil müssen Sie das 'Bienchen-und-Blümchen' Gespräch führen und Sie müssen auch das 'privater Schlüssel'

Gespräch führen. Das ist eine große Kluft zwischen den Generationen. Für viele junge Menschen wird Bitcoin die erste wirtschaftliche Erfahrung sein. Bevor sie in eine Bank gehen, werden sie mit dem Bankwesen abgeschlossen haben. Das ist ein großer Vorsprung.

Brandneue Technologie, dieselben alten Begriffe

Also, wie sprechen Sie eine völlig neue Zielgruppe an? Ein Teil des Tricks ist, nicht zu versuchen eine Bank zu sein. Versuchen Sie nicht, etwas Ähnliches wie im traditionellen Bankwesen zu machen. Alles was Sie damit erreichen ist, Ihr Gehirn zu verrotten. Das Ziel ist, dass neue Benutzer eine völlig neue Erfahrung mit Bitcoin machen, etwas was sie im Bankwesen niemals kennenlernen werden. Sie wollen nicht, dass es wie ein Scheckkonto aussieht. Bitte vermeiden Sie um jeden Preis das Wort "Scheck". Öffnen Sie irgendeine Börse – Circle oder Coinbase. Wie lautet der Name Ihres Kontos auf Coinbase? Es ist ein Scheckkonto und es hat einen Kontostand und es zeigt einen Kontoauszug. Wer wurde für dieses Design bezahlt? Was bedeutet das Wort "Scheck"? Es bezeichnet ein Konto, auf das man Schecks ausstellen kann. Ich weiß, das ist Amerika und wir sind fünfundzwanzig Jahre hinter Fintech zurück. Der Rest der Welt schreibt keine Schecks, das garantiere ich Ihnen. Was ist ein Scheck? Ein Scheck ist das Ding, mit dem eine Großmutter zwanzig Menschen in der Schlange hinter ihr, im Supermarkt, gleichzeitig zum Ächzen bringen kann. Ich nutze es, um meine Miete jeden Monat zu bezahlen. Ich weiß nicht warum. Ich kann es nicht anders machen. Es ist verrückt, dass ich 2015 ein Stück Papier unterschreibe und es per Post versende, damit mein Vermieter es in seiner Bank einzahlen kann. Drei bis fünf Werktage später wird ihm der Betrag gutgeschrieben, aber erst nachdem ihm fünf Dollar für das Eintragen seines eigenen Geldes abgebucht wurde.

Wir brauchen keine starken Verkaufsargumente, damit Bitcoin gegen die Banken gewinnt. Alles was wir für den Sieg gegen die Banken brauchen, ist, dass eine Person eine Woche lang Bitcoin benutzt. Dann kümmert sich die Bank um den Rest. Die Bank wird das Konto der Person einfrieren, sie wird mitteilen, dass es geschlossen ist, sie wird das Geld drei bis fünf Werktage halten. Die Bank hat diese Person gerade wegen ihrer Bitcoin-Nutzung hängen gelassen. Die Banken werden uns jedes Mal wegen Bitcoin hängen lassen.

Die Freuden internationaler Banküberweisungen

Ich wurde eingeladen einen Vortrag bei der Bundesbank zu halten, der deutschen Zentralbank. Sie bezahlten mich für diesen Vortrag, aber wussten nicht, wie das mit Bitcoin funktioniert, was ein echtes Problem ist, da ich normalerweise mit Bitcoin bezahlt werde. Also haben wir vereinbart, eine Überweisung durchzuführen. Es dauerte sechzehn Tage. Zuerst haben sie nach meiner Kontonummer gefragt. Am nächsten Tag sagten sie, dass sie die SWIFT-Nummer brauchen. Zu dieser Zeit war meine Bank geschlossen, sodass ich die SWIFT-Nummer nicht beschaffen konnte. Am nächsten Morgen bekam ich die SWIFT-Nummer und ich schickte sie an die Deutschen. Zu dieser Zeit war ihre Bank geschlossen. Am nächsten Morgen nutzten sie die SWIFT-Nummer und stellten fest, dass es sich um die falsche SWIFT-Nummer handelte. Es war die SWIFT-Nummer für US-Dollar, nicht die für Fremdwährungen. Also haben sie mir eine E-Mail geschickt, aber zu dieser Zeit war meine Bank geschlossen. Am nächsten Tag bekam ich die andere SWIFT-Nummer und ich schickte sie den Deutschen, aber zu dieser Zeit war ihre Bank geschlossen.

Sie sendeten mir die Überweisung. Meine Bank warf einen Blick auf diese Überweisung und sagte: "Bundesbank? Noch nie gehört. Klingt zwielichtig. Lasst uns das für vierzehn Tage einfrieren, nur für den Fall, dass der Scheck platzt." Das ist die drittgrößte Zentralbank der Welt. Das ist die deutsche Bundesbank. Die lassen keine Schecks platzen! Vierzehn Tage später – und das ist das Beste – sagten sie: "Geld am Konto eingegangen. Geld freigegeben." Sie gaben 80 Dollar des vierstelligen Gesamtbetrags frei. 80 Dollar. Wieso 80? Was zum Teufel ist das? Was soll ich damit anfangen? Behaltet einfach alles davon. Wollen Sie mich ärgern? Das ergibt keinen Sinn.

Das Problem mit Metaphern aus dem traditionellen Bankwesen

Das ist es, was wir mit Bitcoin ändern wollen. Wenn Sie als kreative Person ein neues Produkt in diesen Markt einführen, welche Teile dieser Design-Metapher wollen Sie in Ihrem Produkt wiederverwenden? Dem Bitcoin-Markt zufolge alle, damit die Leute davon überzeugt sind, dass es genau so wie eine Bank ist. Es hat keinen der Vorteile einer Bank, wie die Möglichkeit Transaktionen einfach zu stornieren oder eine Rückerstattung zu erhalten, falls man den privaten Schlüssel verliert. Es hat nichts davon. Es hat auch keinen der Nachteile von Banken, aber darauf achten wir nicht. Also haben wir Erwartungen geschaffen, die völlig irreführend sind.

> *"Bitcoin braucht dringend Design. Es wurde von Ingenieuren entwickelt und es ist absolut unverständlich."*

Innovation, Design und Verbreitung

Bitcoin braucht dringend Design. Es wurde von Ingenieuren entwickelt und es ist absolut unverständlich. Aber ich habe Hoffnung, denn wir haben das schon mal geschafft. Ich nutzte das Internet 1989 und zu dieser Zeit waren Handelsaktivitäten im Internet illegal. Es gehörte der National Science Foundation und war nur für akademisches Personal vorgesehen (oder sagen wir, für fünfzehnjährige, die zufällig das Passwort zu einem akademischen System finden). Zu dieser Zeit war DNS immer noch in seiner Anfangsphase. Die meisten Systeme hatten noch nicht mal DNS Namen zugeteilt. Es war nicht sehr gut strukturiert. Viele der interessantesten Dinge konnte man nur via IP-Adresse finden. Ich lief mit einer Liste von IP-Adressen in meiner Geldbörse herum, damit ich Zugang zu diesen Dingen bekam. Um es nutzen zu können, waren UNIX-Kommandozeilenkenntnisse erforderlich.

Es gab absolut keine Möglichkeit, dass meine Mutter das benutzen könnte. Meine Mutter rief mich und sagte mir, ihre Stereoanlage sei kaputt gegangen und ich versuchte herauszufinden warum. Sie sagte: "Es zeigt eine Fehlermeldung an. Bei mir blinkt *0:00* auf." Ich brauchte ein paar Minuten, um herauszufinden, dass sie den Stecker gezogen und die Uhr sich zurückgesetzt hatte. Die Uhr wartete darauf, wieder eingestellt zu werden und "0:00" blinkte. Das war die Person, von der ich mir wünschte, dass sie das Internet nutzte, damit wir darüber reden konnten, aber das war unrealistisch. Es dauerte fast genau zwanzig Jahre von dem Tag, an dem ich meine erste E-Mail sendete, bis zu dem Tag, an dem meine Mutter ihre erste E-Mail sendete. Damit das möglich wurde, mussten viele Dinge geschehen. Am wichtigsten war das iPad. Sie konnte die Mail am iPad mit einem Fingerwischen versenden. Es gab keine Chance, dass *dieses* Internet 1989 vom Mainstream genutzt werden konnte.

UX und Gesellschaft

Es gibt diesen fantastischen Ausschnitt einer TV-Morgensendung aus dem Jahr 1994, in der die Beteiligten kurz vor der Show in Hektik geraten. Sie besprechen den bevorstehenden Beitrag über das Internet und versuchen alles richtig zu verstehen. Ein Journalist fragt die anderen Journalistinnen: "Also, das Internet ist das Ding mit dem *at* Zeichen?" "Nein, nein, das ist E-Mail. Das Internet ist das Ding mit dem *www*, mit den Punkten und den Schrägstrichen." "Ich dachte, das wäre E-Mail." "Nein, das ist das Internet." "Aber ist das nicht das Web?" So wird da im Kreis geredet. Ein System, das von Ingenieuren entwickelt wurde. Unverständlich. Zwei Dinge sind dann passiert. Erstens haben wir die Technologie einfacher, verständlich, besser und klarer gestaltet. Eine weitere wichtige Sache geschah: die Gesellschaft hat sich verändert. Heute kennt der Durchschnittsmensch den Unterschied zwischen einem @-Zeichen und *www,* obwohl es schlechtes Design ist.

Die Gesellschaft lernte die Sprache des Internets, weil es wichtig war, die Sprache des Internets zu verstehen.

> *"Die Gesellschaft lernte die Sprache des Internets, weil es wichtig war, die Sprache des Internets zu verstehen."*

Das Internet wurde verbessert, die Gesellschaft hat aufgeholt und auch die richtig schwierigen Teile des Internets verstanden. Das Gleiche geschieht mit Bitcoin. Ich spreche bei Mainstream-Konferenzen, bei denen niemand vorher von Bitcoin gehört hat und sage: "Machen Sie sich keine Sorgen. Jemand in Ihrem Umfeld kann Ihnen Bitcoin erklären. Wenn diejenigen mit dem Aufräumen ihres Zimmers fertig sind, fragen Sie sie, damit Ihnen Bitcoin erklärt wird." Ihr zehnjähriges Kind wird es verstehen. Ich habe Kinder getroffen, die webbasierte Schnittstellen verwenden, um Altcoins zu erzeugen.

Eine interessante Frage, die mir oft gestellt wird, ist: "Wie viele Coins und Währungen wird es geben?" Die Antwort darauf entspricht der Antwort auf: "Wie viele Blogger wird es im Internet geben?" Uns alle. Alle von uns. Nicht Hunderte von Coins; Tausende, Zehntausende von Coins. Wenn ein sechsjähriges Kind einen Coin namens Joeycoin erstellen kann, um in seiner Schule einen Wettbewerb zu gewinnen, ist dieser Coin auch global einsetzbar, fälschungssicher und skalierbar. Wobei, das ist Joey egal, solange seine fünf Freunde wirklich gerne Joeycoin nutzen. Unglücklicherweise startet in der Szene eine Konkurrenz, Mariacoin und damit beginnt der altbekannte Währungskrieg. Das wird passieren. Ein Grund, warum wir das wissen ist, dass Kinder Währungen erfinden. Lassen Sie Kinder alleine im Kindergarten spielen und sie werden Geld erfinden – Gummibänder, Pokémon-Karten, kleine Würfel. Sie werden beginnen zu horten, zu handeln, gegen Gefälligkeiten zu tauschen und danach eventuell in einen Streit um ihre imaginäre Währung, die sie gerade eben erfunden haben, geraten. Das ist menschlich.

Wir haben soeben die großartigste Währung der Welt erfunden. Ihre Aufgabe ist es jetzt, die richtigen Design-Metaphern zu kreieren, damit es für alle bedienbar wird.

Vielen Dank.

Geld als Inhaltstyp

Bitcoin South Konferenz; Queenstown, Neuseeland; November 2014

Video-Link: https://www.youtube.com/watch?v=6vFgBGdmDgs

Guten Morgen, alle miteinander. Ich möchte heute über ein neues Thema sprechen, an dem ich gearbeitet habe: Geld als Inhaltstyp. Bitcoin hat einen grundlegenden Wandel bei der zukünftigen Sichtweise von Geld eingeleitet, indem es Geld völlig unabhängig vom zugrundeliegenden Transportmedium macht und zu einem eigenständigen Inhaltstypen umwandelt.

Was meine ich damit? Eine Bitcoin-Transaktion ist eine signierte Datenstruktur, die überall auf der Welt ausgeführt werden kann. Viele Leute denken, dass Bitcoin-Transaktionen im Bitcoin-Netzwerk übertragen werden müssen. Das ist nicht wahr. Eine Bitcoin-Transaktion muss die Miner erreichen und in einem Block enthalten sein, aber sie muss nicht über das Bitcoin-Netzwerk übertragen werden. Es gibt nichts Besonderes am Bitcoin-Netzwerk. Es leitet einfach Transaktionen und Blöcke weiter. Eine Transaktion kann über jede Art von Kommunikationsmedium übertragen werden.

Eines der magischen Dinge an Bitcoin ist, dass die Transaktion selbst keinen Sicherheitsmechanismus integriert hat. Die Sicherheit entsteht durch den Proof-of-Work, den die Miner errechnen. Die digitalen Signaturen liefern die Benutzer/innen mit den Schlüsseln, die sie selbst aufbewahren. Es gibt nichts Sensibles oder Geheimes in einer Bitcoin-Transaktion. Lassen Sie mich erklären, was ich damit meine.

Kreditkarten: von Grund auf unsicher

Wenn ich heute zu einem Händler gehe, ein Point-of-Sale-System und eine Kreditkarte verwende, übermittle ich dem Händler dabei (über eine lange Serie von Vermittlern) die Kreditkartennummer, das Ablaufdatum und den CCV2-Code auf der Rückseite der Karte. Ich übermittle also die geheimen Schlüssel. Ich sende die Zugangscodes für mein Konto. Diese Information ist sensibel. Wenn diese Informationen abgefangen werden, kann mein Konto kompromittiert werden. Meine Kreditkarte kann immer wieder belastet werden, entweder vom Händler, von einem der Intermediäre oder von einem Hacker, der die Zugangsdaten von einem der Vermittler gestohlen hat. Meine Kreditkartendaten müssen sehr sorgfältig geschützt werden.

Vom Moment, in dem ich die Kreditkarte aus meiner Tasche ziehe, bis das Geld auf dem Konto des Händlers ist, wird sie in einer Reihe von virtuellen gepanzerten

Autos über das Netzwerk transportiert. Es gibt Verschlüsselung vom Point-of-Sale zum Backend des Händlers. Vom Backend des Händlers Verschlüsselung bis zu Visa für die Massenverarbeitung. Von Visa Verschlüsselung zur Ursprungs- und Zielbank. Dieser Token wird bei jedem Schritt des Weges verschlüsselt, denn er ist der geheime Schlüssel. Wenn diese Verschlüsselung an irgendeinem Punkt in der Kette versagt, ist die Sicherheit meiner Kreditkarte nicht gewährleistet.

Meine Kreditkartendaten werden auch an vielen der Zwischenstationen gespeichert. Sie werden für historische Zwecke gespeichert. Was eine schreckliche Idee ist, denn dadurch entsteht eine zentrale Schatzkiste, eine potentielle Beute für Hacker. Wir haben das immer wieder erlebt. In den USA gab es Vorfälle bei Target und Home Depot, zwei sehr großen Einzelhändlern, bei denen 50 bis 60 Millionen Kreditkartendaten gestohlen wurden. Bei JPMorgan Chase wurden vor kurzer Zeit 75 Millionen Kontos kompromittiert. All diese Dinge geschehen nicht, weil diese Unternehmen beim Schutz der Kreditkarten nachlässig sind.

> *"Im Grunde gibt es zwei Arten von Unternehmen da draußen: diejenigen, die nicht die notwendigen Maßnahmen zum Schutz der anvertrauten Kreditkarten ergriffen haben; und diejenigen, deren Sicherheitsmaßnahmen zum Schutz der anvertrauten Kreditkarten bald scheitern werden... Kreditkarten sind von Grund auf fehlerhaft, da der Token selbst, der geheime Schlüssel ist. Wenn Sie diesen Token übertragen, setzen Sie Ihr gesamtes Konto einem Risiko aus."*

Im Grunde gibt es zwei Arten von Unternehmen da draußen: diejenigen, die nicht die notwendigen Maßnahmen zum Schutz der anvertrauten Kreditkarten ergriffen haben; und diejenigen, deren Sicherheitsmaßnahmen zum Schutz der anvertrauten Kreditkarten bald scheitern werden. Entweder sie wurden gehackt oder sie werden gehackt – das sind die zwei Kategorien. Niemand ist dagegen immun. Niemand kann einen Weg finden, um Millionen von sicheren Zugangstoken vor motivierten Hackern zu schützen. Es ist unmöglich. Niemand weiß, wie das geht. Es gibt keinen Trick aus dem Bereich der Informationssicherheit, der vor allen Arten von Attacken Schutz bietet. Kreditkarten sind von Grund auf fehlerhaft, da der Token selbst, der geheime Schlüssel ist. Wenn Sie diesen Token übertragen, setzen Sie Ihr gesamtes Konto einem Risiko aus.

Bitcoin-Transaktionen: von Grund auf sicher

Bitcoin ist grundsätzlich anders. Was ich übermittle, ist nicht der Schlüssel, sondern eine signierte Nachricht. Es ist eine Autorisierung. Diese Berechtigung hat zwei externe Referenzen: (1) woher das Geld kommt, indem auf eine nicht ausgegebene Ausgabe in der Blockchain verwiesen wird, und (2) eine Referenz darauf, wohin ich das Geld senden möchte -- durch das Erzeugen einer neuen Belastung, einer neuen Limitierung dafür, wer das Geld ausgeben kann. Üblicherweise ist das ein öffentlicher Schlüssel oder eine Bitcoin-Adresse. Diese Transaktion enthält keine sensiblen Daten. Werden diese Transaktionsdaten gestohlen, wissen sie nur von welcher Adresse das Geld kommt, wohin sie geht und wie hoch der Betrag ist. Das ist alles. Die Signatur verrät nichts. Die Adressen verraten nichts. Es gibt keine Kennungen. Sie könnten die Transaktion nehmen und ausdrucken. Sie könnten sie auf einer Plakatwand veröffentlichen. Sie könnten sie vom Dach eines Hauses hinunter schreien. Eine Bitcoin-Transaktion kann über ein total unsicheres WLAN versendet werden. Über Rauchzeichen. Über Lichtsignale. Mit Brieftauben. Es ist egal. Nichts in dieser Nachricht kann kompromittiert werden.

> *"Eine Bitcoin-Transaktion kann über ein total unsicheres WLAN versendet werden. Über Rauchzeichen. Über Lichtsignale. Mit Brieftauben. Es ist egal. Nichts in dieser Nachricht kann kompromittiert werden."*

Geld als Inhaltstyp

Die meisten Menschen begreifen nicht, was es bedeutet, Geld in einen Inhaltstypen zu verwandeln. Wir haben die nur 250 Byte große Transaktion vom Transportmedium getrennt, so dass sie unabhängig von der zugrunde liegenden Sicherheit ist. Wir haben die Transaktion für sich selbst stehend konzipiert, so dass sie von jedem Knoten, der eine vollständige Kopie der Blockchain hat, unabhängig verifiziert werden kann. Unabhängig verifiziert als ausgabefähig, authentisch und ordnungsgemäß signiert von *jedem* System, das eine vollständige Kopie der Blockchain hat - und das sogar von Systemen, die nur eine teilweise Kopie der Blockchain haben. Diese Transaktion kann in Sekunden verifiziert werden. Alles was sie tun muss, ist, einen Knotenpunkt im Netzwerk erreichen, der mit Minern kommunizieren kann. Das ist alles. Sobald sie in das Bitcoin-Netzwerk eingespeist wurde und sie sich verbreitet, können Sie sich sehr sicher sein, dass diese

Transaktion inkludiert und schlussendlich gültig wird. Wenn ich mir irgendeine Transaktion ansehe, kann ich mir ausrechnen, ob sie ausreichend Gebühren mitbringt und gewisse Annahmen treffen, wie die Miner diese Transaktion behandeln werden, denn ich kenne die Regeln, unter denen dieses Konsensnetzwerk arbeitet. Ich weiß, dass sobald die Transaktion ausreichend verbreitet wurde, sie bald in einem Block in Ihrer Nähe auftauchen wird.

Bitcoin-Transaktionen zu stoppen, ist unmöglich

Eine Bitcoin-Transaktion ist keine Zauberei. Lassen Sie uns ein wenig darüber nachdenken. Wie können 250 Bytes kodiert und über das Netzwerk gesendet werden?

Jemand hat mir kürzlich wieder diese häufige Frage gestellt: "Können tyrannische Regierungen die Übermittlung von Bitcoin-Transaktionen nicht blockieren oder zensieren?" Die Antwort ist *nein*, aber ich glaube die Menschen verstehen nicht wirklich, *wieso* die Antwort nein ist. Ich geben Ihnen ein paar theoretische Beispiele, um zu zeigen, was ich meine.

Bitcoin-Transaktionen mit Smileys per Skype übertragen

Mein erstes skurriles Beispiel ist die Kodierung von Bitcoin-Transaktionen als Emoticons oder Smileys in Skype. Skype hat ein 128-stelliges Emoji-Alphabet, das es erlaubt, verschiedene stirnrunzelnde Gesichter, Smileys, Daumen hoch, Daumen runter, Sonnen, klopfende Herzen und Geburtstagstorten zu verschicken – Sie wissen schon, was ich meine. Betrachten wir das nun aus der Sicht des Informationsgehaltes. Das ist ein Zeichensatz, richtig? Als Informatiker sehe ich mir das an und sage, okay, ich habe hier ein Kodierungsschema. Dieses erlaubt mir, eine 250 Byte Transaktion in etwa fünfhundert Zeichen zu senden. Fünfhundert Smileys. Eine Bitcoin-Transaktion in Smileys.

Ich kann buchstäblich ein kleines mathematisches Skript schreiben, es sind vielleicht zwei Zeilen in Python. Wer wirklich effizient ist, schafft es in einer Zeile. Es sind keine Codebibliotheken erforderlich. Im Skript kann ich die hexadezimale Darstellung einer Bitcoin-Transaktion nehmen und in Emoticons kodieren. Danach kann ich sie überall auf der Welt in ein Skype-Fenster kopieren. Solange der Empfänger, der diese Zeichenkette von Smileys empfängt, sie in ein Decoder-Skript eingibt und sie dann einfach in das Bitcoin-Netzwerk einfügt, wird diese Transaktion durchgeführt. Der Empfänger könnte ein Roboter sein. Der Empfänger könnte eine automatisierte Abhörstation sein, die Smileys in Transaktionen dekodieren und an das Bitcoin-Netzwerk übertragen soll.

Jetzt soll mir wer erklären, wie das gestoppt werden kann, außer durch das Abschalten von Skype. Wenn Skype abgeschaltet wird, verwende ich Facebook. Wird Facebook abgedreht, verwende ich Craigslist. Falls Craigslist abgeschaltet wird, schreibe ich meine Transaktion in eine TripAdvisor Bewertung. Wird TripAdvisor abgedreht, werde ich sie als Kommentar im Verlauf eines Wikipedia Artikels posten. Wenn sie das abschalten, werde ich sie als Hintergrund eines JPEG-Images in meinen Urlaubsfotos versenden.

"Geld ist nun völlig entkoppelter Informationsgehalt."

Geld ist nun völlig entkoppelter Informationsgehalt. Es gibt absolut nichts, wodurch Information davon abgehalten werden kann, von irgendeinem Ort auf der Welt an irgendeinen anderen gesendet zu werden. Vor allem, wenn es diese Fülle an miteinander verbundenen Kommunikationsmechanismen gibt, wie wir sie heute kennen.

Bitcoin-Transaktionen über Kurzwellenradio senden

Angenommen, wir hätten kein Internet. Ich habe mir noch ein absurderes, haarsträubendes Konzept ausgedacht. Die Übermittlung von Bitcoin-Transaktionen über Kurzwellen, Frequenzsprungverfahren und Funk im Burst-Modus. Diese Dinge könnten Sie anwenden, wenn Sie völlig im Guerilla-Style agieren wollen.

Während des Zweiten Weltkriegs warfen die Alliierten im besetzten Frankreich tausende Kurzwellenradios aus Flugzeugen ab -- das komplette Set, mit kleinen Fallschirmen -- damit die Partisanen am Boden, es in Scheunen, in einer Baumhöhle, in verlassenen Gebäuden, unter Brücken verstecken konnten, um die Radios für die Kommunikation mit verschiedenen Kommandozentralen der Alliierten in ganz Europa zu nutzen, direkt vor der Nase der nationalsozialistischen Besatzer. Eines der Dinge am Kurzwellenfunk ist, dass er nicht nur eine enorme Reichweite hat, sondern in bestimmten Frequenzen auch von der Stratosphäre reflektiert wird. Damals wurde dies für die Sprachkommunikation oder die Kommunikation über verschlüsselte Nummern, Morsezeichen und verschiedene One-Time-Pad Verschlüsselungsverfahren verwendet.

Heute kann ich ein Set bekommen, mit dem ich einen sehr einfachen Kurzwellen-Funksender über USB an meinen Laptop anschließen kann. Jetzt brauche ich nur noch eine Antenne. Das Schöne daran ist, dass eine Antenne beim Kurzwellenfunk bloß aus einem genügend langen Stück Metall besteht — einer Eisenschiene, einer Wäscheleine, einer defekten Stromleitung, einem Stück Drahtzaun, einem Teil Stacheldrahtzaun. Das es hier - wie ich bemerkt habe - zu Genüge gibt. Es ist, um diese kuscheligen weißen Dinger herum gespannt, die überall sind — die Schafe.

Die Übertragung einer Bitcoin-Transaktion umfasst also das Anstecken eines Laptops, das Anschließen an einen Zaun, das "Enter" Drücken und die fünfundzwanzig Sekunden lange Übertragung der Transaktion im Burst-Modus. Solange sich irgendwo innerhalb der umliegenden tausend Meilen eine Empfangsstation befindet, die mit dem Bitcoin-Netzwerk verbunden ist -- und diese Empfangsstation kann überall versteckt werden, da sie eine passive Station ist, sie kann nicht trianguliert werden -- kann diese Station die Transaktion in das Bitcoin-Netzwerk einspeisen.

Wäre ich ein Guerillakämpfer, der etwas kaufen möchte, würde ich die Transaktion offline vorbereiten und sobald ich fertig bin, laufe ich auf das offene Feld, klemme meinen Sender an eine Wäscheleine, drücke "Enter", übertrage für fünfundzwanzig Sekunden, packe mein Zeug zusammen und verschwinde im Wald. Wie soll das jemand verhindern? Das kann nicht verhindert werden. So einfach ist das, das geht nicht. Aber das ist erst der Anfang.

Das Medium und die Botschaft trennen

Sobald Sie realisieren, dass Geld zu einem Content-Typ geworden ist, dass Transaktionen vom Medium getrennt wurden, kristallisieren sich einige wirklich wichtige sekundäre Merkmale heraus. Sie wissen, "das Medium ist die Botschaft," wie Marshall McLuhan einst sagte. Der Hauptgrund, warum das Medium die Nachricht ist, ist, dass das Medium die Nachricht begrenzt, transformiert und in vielen Fällen verzerrt.

Wenn Ihr Medium das Fernsehen ist, dann ist Ihre Botschaft achtzehn Minuten lang und von Werbespots unterbrochen. Das ist Ihre Botschaft; es gibt kein anderes Format, das hier passt. Also wird eine Botschaft geformt, die in dieses Medium passt. Und Sie beginnen, den Wert Ihrer Botschaft anhand der falschen Annahme, dass sie den Produktionskosten entspricht, zu bemessen. So verursacht beispielsweise das Fernsehen einen gewissen Aufwand bei der Videoproduktion. Leute, die in dieser Branche sind, gehen von der falschen Annahme aus, dass die Kosten für die Fernsehproduktion gleich hoch wie der Wert der Show ist. Je mehr Sie dafür ausgeben, desto wertvoller ist es.

Sie können sich den Schock vorstellen, wenn so etwas wie YouTube auftaucht und die Produktionskosten auf Null senkt. Was ist Ihrer Meinung nach die unmittelbare Schlussfolgerung, die die Menschen in dieser Branche ziehen? Wenn die Kosten gleich Null sind, dann ist der Inhalt wertlos. Das ist ein grundlegendes Missverständnis darüber, was passiert, wenn man den Inhalt vom Medium trennt. Durch die Trennung von Botschaft und Medium verschiebt sich die Auffassung von Wert, von den Produktionskosten hin zum Wert, den die Botschaft für die Zuseher und Konsument/innen hat.

"Wenn die Druckkosten astronomisch sind und die Möglichkeiten des Druckens nur wenigen zur Verfügung stehen, werden nur Gutenberg-Bibeln gedruckt."

Lassen Sie mich Ihnen ein noch älteres Beispiel geben. Wenn die Druckkosten astronomisch sind und die Möglichkeiten des Druckens nur wenigen zur Verfügung stehen, werden nur Gutenberg-Bibeln gedruckt. Das Medium definiert das Ausdrucksspektrum der Botschaft und beschränkt sie auf die erhabensten und wertvollsten Botschaften, die die Gesellschaft hat. Die enormen Produktionskosten begrenzen das Meinungsspektrum.

Was denken Sie, was Gutenberg über Twitter gedacht hätte, das die Produktionskosten auf Null senkt, universell, allgegenwärtig und kostenlos verfügbar ist? Wir gehen vom Drucken der Gutenberg-Bibel zur Beantwortung eines Tweets mit einem meiner Lieblingsausdrücke, der dreistelligen Meinung "SMH" — was "shaking my head" bedeutet. Wenn "Professor Bitcorn" schreibt, "Bitcoin fällt auf Null", kann ich meine ganze Bandbreite an Meinungen und durchdachten Analysen als *schüttelt den Kopf mit Händen vor dem Gesicht* ausdrücken. Drei Buchstaben und ich habe meine Meinung der Welt gegenüber geäußert. Wenn man das aus einer objektiven Perspektive betrachtet, ist diese Botschaft sicherlich wertlos. Wenn Sie die irrige Annahme treffen, dass, wenn die Produktionskosten Null sind und die Botschaft trivial erscheint, die gesamte Kombination aus Medium und Botschaft wertlos, trivial sein muss und keinen Wert haben darf — dann ist das der Fehler, den die Menschen an jedem Wendepunkt der Geschichte gemacht haben.

Als Twitter herauskam, nahmen die Leute an, dass es nur für triviale Zwecke verwendet werden würde. Und trotzdem sah ich vor einem Jahr auf *CNN International* in einem Bericht über die ägyptische Revolution, eingestreute Tweets von ägyptischen Revolutionären auf den Straßen von Kairo, und Live-Berichte darüber, was von Minute zu Minute passiert. Die CNN Moderatorinnen und Nachrichtensprecher machten gar nichts. Sie deuteten auf den Bildschirm und sagten, "Sehen Sie, es gibt einen neuen Tweet. Und da ist noch ein Tweet von jemandem, den wir nicht kennen. Ah, noch ein Tweet." Sie wurden auf die Rolle eines Fernseh-Models reduziert, das sagt, "Und dieser wunderbare Kühlschrank gehört Ihnen, wenn sich der Preis hinter Türchen Nummer eins verbirgt." Ich finde es äußerst befriedigend, einen dieser Moderatoren, wie Anderson Cooper, zu sehen, der im Wesentlichen darauf reduziert wurde, Tweets vom Bildschirm zu lesen.

Warum? Weil sie es verspottet haben. Sie haben die falsche Annahme getroffen, dass, wenn die Produktionskosten Null sind, der Wert der Botschaft Null ist. Sie haben das Medium mit der Botschaft verwechselt. Sie haben die falsche Annahme getroffen, dass ihre Kontrolle über das Medium, die Quelle der Qualität ist.
Und lange nachdem die Qualität verschwunden war, klammerten sie sich an die Kontrolle und dachten, Kontrolle sei der einzige Weg, um Qualität zu erreichen und wenn man die Kontrolle entfernt, entfernt man die Qualität. Das ist übel, unverfroren und elitär in der schlimmsten Ausprägung. Es wird davon ausgegangen, dass die Gatekeeper die Quelle der Qualität sind, obwohl sie nur Gatekeeper sind. Sie gehen davon aus, dass die Tatsache, dass sie das teure Medium haben, bedeutet, dass die Botschaft hörenswert ist.

"Sie haben die falsche Annahme getroffen, dass, wenn die Produktionskosten Null sind, der Wert der Botschaft Null ist. Sie haben das Medium mit der Botschaft verwechselt. Sie haben die falsche Annahme getroffen, dass ihre Kontrolle über das Medium, die Quelle der Qualität ist. Und lange nachdem die Qualität verschwunden war, klammerten sie sich an die Kontrolle..."

In dem Moment, in dem die Botschaft dem Medium entrissen wird und eine ganze Bandbreite an Expressionen möglich wird, ja, dann werden die bedeutungslosesten Botschaften einer Kultur ausgedrückt, einschließlich "SMH". Aber irgendwann werden auch die interessantesten Botschaften einer Kultur damit ausgedrückt.

Heute lesen Kinder in US-Schulen The Federalist Papers, eine Sammlung von öffentlichen Essays, die im 18. Jahrhundert von einigen der Gründerväter verfasst wurden, in denen sie über die Bedeutung von Demokratie für die neue Republik diskutierten. In einhundert Jahren werden die Menschen *Die föderalistischen Tweets der ägyptischen Revolution* lesen. Das ist keine absurde Idee. Das ist der Lauf der menschlichen Zivilisation. Wir haben das immer wieder erlebt.

Jetzt verspotten sie Twitter als belanglos, weil sie die Trennung von Botschaft und Medium nicht verstehen. Das Fernsehen wurde einst als trivialer Zeitvertreib verspottet, weil es die Filmkunst in den Schatten stellte. Die Filmkunst war ein trivialer Zeitvertreib, weil sie die Kunst des Theaters verwässerte und vulgär machte. Das Theater war ein vulgärer und billiger Zeitvertreib der Viktorianer, weil es die großen dramatischen Spiele der Römer und der alten Griechen banalisierte. Wenn wir diesen Weg weiter zurückverfolgen, enden wir bei Aristoteles, der verkündet, dass die Philosophie tot ist, weil die jungen Leute alle dramatische Aufführungen sehen wollen anstatt ihre Philosophie-Bücher zu studieren. Er hat sich vermutlich auch über ihre langen Haare beklagt. Jede Generation verwechselt das Medium mit dem Wert und betrachtet die nächste Stufe des Mediums, die den Zugang öffnet, die Verfügbarkeit verbreitert, den Ausdrucksbereich erweitert - sie halten dieses Medium für trivial, vulgär und die Botschaft schmälernd.

"Jede Generation verwechselt das Medium mit dem Wert und betrachtet die nächste Stufe des Mediums, die den Zugang öffnet, die Verfügbarkeit verbreitert, den Ausdrucksbereich erweitert - sie halten dieses Medium für trivial, vulgär und die Botschaft schmälernd."

Was sie nicht verstehen ist, dass wenn das Medium preiswerter wird, dann wird die Botschaft freier und kann sich emporheben. Sie sind nun in der Lage, eine breite Palette von Botschaften auszudrücken. Ja, die ersten werden trivial sein. Sie sind trivial, weil das vorherige Medium diese Form des Ausdruckes nicht zuließ. Es gab keine Möglichkeiten für diese Ausdrucksformen. Ja, wir werden "SMH" lesen. Wir werden auch live Tweets von der ägyptischen Revolution lesen. Bis sie das herausfinden, *ist* das neue Medium die Botschaft mit Qualität. Dann nennen wir das nächste Medium billig und vulgär.

Geld ist jetzt vom Medium befreite Botschaft

Geld ist ein Inhaltstyp, den wir soeben vom Medium losgelöst haben. Das Medium war eine Reihe miteinander verbundener Netzwerke, die Geld nach Größe und Empfänger trennten. Es gibt Zahlungsnetzwerke für kleine Geldbeträge. Es gibt Zahlungsnetzwerke für große Geldbeträge. Es gibt Zahlungsnetzwerke für schnelles Geld. Es gibt Zahlungsnetzwerke für langsame Überweisungen. Es gibt Zahlungsnetzwerke von Unternehmen für Unternehmen. Es gibt Zahlungsnetzwerke für Regierungen, um andere Regierungen zu bezahlen. Es gibt Zahlungsnetzwerke für Konsument/innen, um die Firmen zu bezahlen und Zahlungsnetzwerke für Konsumenten, um andere Konsumentinnen zu bezahlen. Oh, warten Sie, das stimmt gar nicht. Es gibt keine Zahlungsnetzwerke für Konsumentinnen, um Konsumenten zu bezahlen. Es gibt auch keine Zahlungsnetzwerke für kleine Beträge, weil das traditionelle Medium, diese Form der Botschaft nicht ermöglicht.

"Geld ist ein Inhaltstyp, den wir soeben vom Medium losgelöst haben."

Ich kann keine 20 Cent direkt von mir zu Ihnen ans andere Ende der Welt senden, da das Medium diese Art der Botschaft nicht ermöglicht. Die Produktionskosten hindern mich daran, diese Bandbreite an Ausdrucksformen einer Transaktion zu nutzen. Aber nun haben wir die Botschaft vom Medium getrennt. Wir haben Geld als Inhaltstyp kreiert. Dieses Geld ist jetzt in der Lage, bei nahezu Null Produktionskosten, die gesamte Bandbreite an Transaktionsarten auszudrücken, vom Klein- zum Großbetrag, von Verbraucherin zu Konsument, von Regierung zu Regierung.

Was wird als Nächstes passieren? Die Gatekeeper sagen Ihnen, dass dieses Netzwerk nicht ernst zu nehmen ist. Die Gatekeeper verwechseln die Kosten ihres Zahlungsnetzwerks mit dem Wert ihrer Services. Die Gatekeeper der alten Zahlungsnetzwerke werden Ihnen sagen, dass diese neue Form der Bezahlung vulgär und billig ist. Es ist etwas, das nur für Nebensächlichkeiten verwendet wird. Alle seriösen Menschen werden in den soliden, qualitativ hochwertigen Zahlungsnetzen der Vergangenheit bleiben. Denn sie denken, wenn sie das Ausdrucksspektrum kontrollieren und einschränken können, würde das Qualität bedeuten. Das ist es nicht. Es sind nur überhöhte Produktionskosten. Es ist pures Elitedenken in seiner schlimmsten Form. Sie klammern sich an ihr Medium und erkennen nicht, dass die Botschaft jetzt sofort und ohne Kosten über jedes Medium transportiert werden kann.

Was ist das erste Einsatzgebiet dieses neuen Modells? Was ist die erste Anwendung dieses neuen Nachrichtenmediums? Wir können jetzt winzige Zahlungen senden. Ich bekomme Trinkgeld auf Twitter. Das ist ein Beispiel, das den Leuten den Unterschied klar erkennen lässt. Ich kann etwas machen, was vorher nicht möglich war. Aber die meisten Leute finden das trivial. Bei den meisten Menschen verstärkt die Tatsache, dass ich ihnen das untere Ende der Bandbreite an Ausdrucksmöglichkeiten zeige, nur die Vorstellung eines billigen und vulgären Mediums. Was sie nicht begreifen ist, dass dieses Medium nicht nur für Belanglosigkeiten da ist; es umfasst die gesamte Bandbreite an Transaktionsformen vom kleinsten Betrag bis zum enorm hohen Betrag.

"Die Blockchain kann die gesamte Bandbreite der Transaktionsformen umfassen, vom zehn Cent Tweet bis zur hundert Milliarden Dollar Schuldentilgung."

Eines Tages wird ein Land seine Ölrechnung auf der Blockchain bezahlen. Eines Tages können Sie ein multinationales Unternehmen über die Blockchain kaufen. Eines Tages kann man einen Flugzeugträger, hoffentlich als Schrott, auf der Blockchain verkaufen. Die Blockchain kann die gesamte Bandbreite der Transaktionsformen umfassen, vom zehn Cent Tweet bis zur hundert Milliarden Dollar Schuldentilgung. Wir haben es nur noch nicht bemerkt. Sie kann dies ohne Einschränkungen durch das zugrunde liegende Medium tun. Dabei geht es nicht nur darum, dass die Transaktion als Inhaltstyp mittels Smileys auf Skype transportiert werden kann. Das ist einfach ein Zeichen dafür, dass wir alle Einschränkungen des zugrunde liegenden Transportmediums aufgehoben haben. Wir haben den Inhalt zum König gemacht.

Der große Bogen der Technologie

Entstehen Inhalte aus der Domäne von Exklusivität, Elitedenken und beschränktem Zugang, werden sie von Großmeistern genutzt, um Meisterwerke zu schaffen. Die Gutenberg-Bibel. Die ersten Fotografien. Die Landung auf dem Mond, die zum ersten Mal im Fernsehen übertragen wurde. Die großartigen Filme der Vergangenheit. Meisterwerke aus Großmeisterhand.

Dann verändert sich das Medium, weil die Technologie immer verfügbarer wird. Die Menschen beginnen es für ein breiteres Spektrum an Ausdrucksmöglichkeiten zu nutzen, aber die Gatekeeper klammern sich immer noch an die alten Ideen. Sie versuchen immer noch, mit ihrem Medium Grandioses zu schaffen. Sie drucken Hardcover, schwere, ledergebundene Bücher - *Principia Mathematica.* Dann öffnet sich das Medium wieder und die Dinge werden zum Softcover und Fotos werden dem Alltagsmenschen in vierundzwanzig Aufnahmen zugänglich. Die Gatekeeper der Vergangenheit klammern sich immer noch an die Vergangenheit, aber jetzt können sie nicht mehr so tun, als wäre es grandios, also machen sie einfach nur Theater. Sie sagen: "Es gibt ein gewisses *je ne sais quoi* beim Film." "Es gibt eine bestimmte Tonqualität bei Vinyl, die CDs nie haben werden." "Ein TV-Moderator hat wirklich Autorität. Erinnerst du dich nicht an Walter Cronkite?" "Eine Zeitung ist die wesentlichste Meinungsquelle, und sie ist wirklich das Papier wert, auf dem sie gedruckt ist." Triumphierendes Verhalten. Doch die Erhabenheit ist verschwunden. Die Qualität ist verloren gegangen. Es geht nur mehr um das Festhalten an der Macht und um das Vorgeben, dass Kontrolle immer noch Qualität bedeutet.

Schließlich erreicht die Technologie in diesem großen Bogen der Technik die finale Phase. In diesem Stadium glauben nur noch Großeltern, dass die alte Technologie großartig ist. Im großen Bogen der Technologie wird das, was als Meisterwerk begann, nur noch von jenen konsumiert, die im letzten Lebensabschnitt sind. Die ersten Schecks wurden von den Königshäusern ausgestellt, um große Unternehmungen wie die East India Company zu finanzieren, um die Gewürzstraßen und Handelsrouten nach Osten zu öffnen. Damals verfügten nur Königshäuser über Scheckbücher. Wenn Sie heute in einen Supermarkt gehen und die Großmutter vor Ihnen öffnet ihre Geldbörse und zieht das Scheckheft heraus, werden fünfzehn Leute in der Schlange hörbar zu stöhnen beginnen, da sie wissen, dass es fünfzehn Minuten dauert bis diese Transaktion ausgestellt ist. Es ist nichts mehr von der Großartigkeit der Finanzierung dieses Ostindischen-Unternehmens übrig geblieben, wenn im Supermarkt Bohnen und Toast mit einem Scheck bezahlt werden. Es ist die letzte Phase.

Die einzigen Menschen, die noch *Fox News* schauen sind Großeltern, denn wir alle bekommen unsere Nachrichten im Internet. Was einst trivial war, ist heute unsere Quelle für maßgebliche Nachrichten und Informationen. Die alte Garde versteht das nicht. Wir lesen unsere Bücher elektronisch. Manche Menschen sagen: "Da ist etwas an der Haptik von Papier." Ja. Es ist zu schwer, um zwanzig Bücher in der Tasche zu tragen und ich lese zwanzig Bücher in vier oder fünf Wochen, also muss ich so viele tragen. Es gibt nichts an der Haptik von Papier; das ist Festhalten an der Vergangenheit.

> *"Während wir in dieser Welt, in der Geld ein Inhaltstyp ist, voranschreiten, halten die Gatekeeper der alten Zahlungssysteme an der Vorstellung fest, dass traditionelles Bankwesen Qualität darstellt. Dass die Gatekeeper, die Qualität sind. Aber das ist nicht, wo die Qualität liegt."*

Während wir in dieser Welt, in der Geld ein Inhaltstyp ist, voranschreiten, halten die Gatekeeper der alten Zahlungssysteme an der Vorstellung fest, dass traditionelles Bankwesen Qualität darstellt. Dass die Gatekeeper, die Qualität sind. Dass Qualität aus der Kontrolle, der Zensur und der Limitierung entspringt. Aber das ist nicht, wo die Qualität liegt. Wir bewegen uns voran und verbreitern das Spektrum an Transaktionsformen, die mit Geld machbar sind, auf unvorstellbare Weise, zu Dingen, die noch nie zuvor stattgefunden haben. Sie werden sich weiter an ihre Vorstellungen von Herrlichkeit klammern: an die großen alten Banken mit den Gewölbedecken und den verchromten, leeren Tresoren, wo sonntags Führungen stattfinden, um zu zeigen, wie Banken früher aussahen. Sie können in alle Städte der Welt reisen und in den ehemaligen Banken mit ihren großen Tresoren einen Drink an der Bar nehmen, da die Banken sich die Erhaltung der Gebäude nicht mehr leisten können. Sie dienen keinem anderen Zweck als dem Prunk. Sie werden immer noch versuchen, Sie davon zu überzeugen, dass sie durch ihre Kontrolle vor dem Bösen, vor Terroristen, vor Geldwäschern geschützt sind. Doch alles, was sie tun, ist, ihre eigene Position vor dem Wettbewerb zu schützen.

Wir haben jetzt die Botschaft vom Medium getrennt. Geld ist ein Inhaltstyp und das kann nicht mehr ungeschehen gemacht werden.

Vielen Dank.

Anmerkung von Andreas für die Leserinnen und Leser: Bei diesem Vortrag habe ich dummerweise versucht, während des Redens gleichzeitig zu rechnen. Ich bin kein guter Mathematiker. Wie sich gezeigt hat, noch ein schlechterer Improvisationsmathematiker. Keiner meiner Rechenfehler ändert etwas an der Aussage, die ich gemacht habe. Aus Gründen der Genauigkeit und um mein Ego zu schützen, wurden diese Teile aus dem Vortrag entfernt. Pssst! Erzählen Sie niemandem, dass ich so schlecht in Improvisationsmathematik bin.

Elemente des Vertrauens: Kreativität entfesseln

Blockchain Meetup; Berlin; Deutschland; März 2016

Video-Link: https://www.youtube.com/watch?v=uLpSM3HWU6U

Heute werde ich über die Chemie des Geldes sprechen, insbesondere die Chemie von Bitcoin. Das ist einer der aufregenden und interessanten Aspekte von Bitcoin. Es ist ein Aspekt, den die meisten von uns nicht bemerken, bevor sie Bitcoin für ein oder zwei Jahre studiert haben. Bitcoin ist einer Zwiebel ähnlich. Sie müssen es auspacken. Während Sie es auspacken, finden Sie eine weitere Schicht. Ich habe vor fünf Jahren begonnen. Ich bin immer noch am Auspacken. Ich finde jeden Tag mehr und mehr überraschende Dinge bei Bitcoin.

Die Illusion von Sendern, Empfängerinnen und Konten

Als ich mir zum ersten Mal Bitcoin ansah, überraschte mich, dass es wie ein relativ vertrautes Bankensystem aussah. Ich besuchte bekannte Bitcoin-Seiten, wie Blockchain.info, und ich sah jede Transaktion. Ich klickte auf die Transaktionen und sah Sender, Empfängerin und Konto. Ich dachte, *das kommt mir sehr bekannt vor. Bankensystem. Toll.* Dann sah ich mir an, wie der Quellcode funktionierte.

Als Informatiker wollte ich den Quellcode lesen und versuchen zu verstehen, wie das System funktioniert. Aber ich fand bei der Suche nach Senderin, Empfänger oder Konto nichts im Quellcode. Bei Bitcoin gibt es nichts dergleichen. Das hat mich wirklich überrascht, denn als ich mir den Quellcode ansah, war nichts von den Dingen vorhanden, die ich erwartet hatte. Man würde erwarten, dass etwas, das einem Bankensystem ähnelt auch ähnlich aufgebaut ist. So ist Bitcoin nicht. So ist es überhaupt nicht.

> *"Ich fand bei der Suche nach Senderin, Empfänger oder Konto nichts im Quellcode. Bei Bitcoin gibt es nichts dergleichen."*

Wie viele von Ihnen haben sich den Quellcode angesehen oder verstehen die technischen Grundlagen? Ein paar Leute in diesem Raum. Wer sich durch den Code gräbt, findet heraus, dass es keinen Kontostand und keinen Sender gibt, aber es gibt UTXOs *Unspent-Transaction-Outputs* (auf Deutsch etwa 'nicht ausgegebenes Transaktionsergebnis') und Inputs. Aber diese Eingaben (Inputs) können nicht wirklich den Sendern zugeordnet werden und die Ergebnisse (Outputs) können nicht wirklich den Empfängern zugeordnet werden. Plötzlich merkt man, dass das, was man sieht, fast die quanten- oder atomare Natur von Bitcoin ist.

Bitcoins atomare Struktur

In der Chemie kennen wir Elemente wie Kupfer, Eisen und Helium. Die Chemie gibt uns diese enorme Komplexität der Dinge, die kombiniert werden kann, um interessante Dinge zu erschaffen. Wie Menschen. Und Toaster. Aber wer sich in die Chemie vertieft, bemerkt, dass Kupfer nicht wirklich ein Ding ist. Kupfer ist ein Muster aus Protonen, Neutronen und Elektronen. Es gibt kein Kupfer. Ein Proton entspricht einem anderen Proton; das Proton wäre auch glücklich als Teil von Helium oder Kupfer; es ist ihm egal. Es gibt nichts an diesem spezifischen Proton, das es zum Bestandteil von Kupfer macht.

Die Chemie ist eine Schicht, darunter liegt die Atomphysik. Diese Schicht ist sehr einfach. Sie besteht aus einer Handvoll Elementen. Diese Handvoll weniger Elemente bildet die gesamte uns bekannte Chemie, mehr als einhundert Elemente der Natur mit einzigartigen und unterschiedlichen Eigenschaften, die komplett verschiedenartig sind. Manche sind flüssig, manche sind Metalle, manche sind Gase. Sie verhalten sich unterschiedlich. Einige sind sauer, andere nicht. Aber keines davon ist ihr grundlegender Bestandteil. Das sind alles Muster.

Bitcoin hat diese grundlegende Atomstruktur, diese Elementarstruktur. Die Elemente Bitcoins sind Komponenten von Transaktionen und Elemente der Skriptsprache. Diese Elemente haben nichts mit traditionellem Bankwesen zu tun. Es gibt keine Konten, keine Kontostände, keine Sender und keine Empfängerinnen. Stattdessen suchen Bitcoins Elemente nach grundlegenden, mathematischen und kryptografischen Eigenschaften — ob ein Hash einem anderen Hash gleicht, ob eine elliptische Kurven-Signatur einer anderen elliptischen Kurven-Signatur entspricht, Manipulation von Zahlen, etc., etc. Was an der Oberfläche zu sehen ist — die Transaktionen — ist nur ein Konstrukt. Durch die Art der Mischung der Elemente entsteht etwas, das aussieht wie eine Bank. Was für Bitcoin-Neulinge großartig ist, denn wenn ihnen jemand erklärt, "Es gibt ein Konto, eine Senderin, einen Empfänger", denken sie Okay, ich verstehe das.

"Was an der Oberfläche zu sehen ist — die Transaktionen — ist nur ein Konstrukt. Durch die Art der Mischung der Elemente entsteht etwas, das aussieht wie eine Bank."

Als nächstes erfahren sie, dass es eine Wallet gibt, diese aber keine Coins beinhaltet, sondern Schlüssel und dass diese kopiert werden können, und jetzt denken sie, Jetzt bin ich ausgestiegen. Das entspricht nicht meinen Erfahrungen. Es wird kompliziert, denn Bitcoin ist nicht das, was sie dachten. Es ist eine Plattform. Es ist kein Zahlungsnetzwerk. Es ist keine Währung. Es ist kein Bankensystem. Es ist eine Plattform, die gewisse Vertrauensfunktionen garantiert. Wenn Sie eine Plattform haben, die bestimmte Vertrauensfunktionen garantiert, sind eine Währung und ein Zahlungsnetzwerk eine sehr nützliche Anwendung dafür, aber Sie können noch mehr Dinge darauf aufbauen.

"Bitcoin ist nicht das, was Sie denken. Es ist eine Plattform. Es ist kein Zahlungsnetzwerk. Es ist keine Währung. Es ist kein Bankensystem. Es ist eine Plattform, die gewisse Vertrauensfunktionen garantiert."

Bausteine des Lego-Systems

Als Kind war mein Lieblingsspielzeug Lego. Der Grund, dass Lego mein Lieblingsspielzeug war, hatte nichts mit dem was auf die Verpackung gedruckt war, zu tun. Was auf der Verpackung zu sehen war, wollte ich nicht bauen. Zeigte die Verpackung ein rotes Feuerwehrauto, würde ich einen Drachen bauen, oder eine Nilpferd-Giraffe, etwas das nicht existierte oder eine meiner verrückten Ideen. Das gefiel mir daran. Ich konnte diese einfachen Bausteine nehmen und bauen, was auch immer ich wollte.

Abstrakt betrachtet, ist Lego chaotisch. Und das, was ich gebaut hatte, sah nicht ganz aus wie ein Feuerwehrauto oder ein Raumschiff. Wenn mir jemand ein Feuerwehrauto gegeben hätte, so ein in Plastik gegossenes, glatt geschliffenes, komplett rotes Feuerwehrauto, wäre es das perfekte Feuerwehrauto. Aber es wäre immer nur ein Feuerwehrauto geblieben und nach zwanzig Minuten spielen, war ich gelangweilt. Mein glattes, geschliffenes Feuerwehrauto, das nur ein Feuerwehrauto sein kann, ist ein perfektes Feuerwehrauto. Aber es könnte niemals eine Nilpferd-Giraffe, eine Tomate oder ein Raumschiff sein. Lego erlaubt mehr.

Bausteine des Kochens

Als ich älter wurde, entdeckte ich Kochen als mein Hobby. Was ich am Kochen liebe, ist, dass es die perfekte Kombination von Kunst und Wissenschaft ist. Wer grundlegend versteht, wie die Inhaltsstoffe funktionieren, wie sie sich verhalten, wie sich die Chemie verändert, wenn sie kombiniert werden oder wenn ein Katalysator wie Salz hinzugefügt wird oder wenn Hitze ins Spiel kommt, der kann kreieren. Es kann fast alles erschaffen werden. Solange verstanden wird, wie die Zutaten wirken, kann alles ausgeführt und fertiggestellt werden, was man kochen will.

Bausteine der Kreativität

Bitcoin besitzt diese elementare Natur. Es gibt uns kein Endresultat. Es gibt uns eine Palette an Zutaten und ein Rezept. Es gibt uns einen Satz an Lego Steinen mit einem Bild auf der Verpackung, das aussieht wie ein rotes Feuerwehrauto. Präsentieren wir das der Welt, sehen sich Finanzunternehmen das an und sagen: "Ihr Feuerwehrauto hat schöne Kanten und besteht aus albern kleinen Blöcken." Bei Bitcoin nehmen wir Zutaten, setzen sie zusammen und schaffen ein Banken-Zahlungssystem. Die Banken betrachten es und es ist, als ob sie zu uns sagen würden: "Euer Burger ist okay, aber bei McDonald's können wir das in fünfundvierzig Sekunden machen und wir können eine Milliarde davon verkaufen. Also warum braucht ihr eine Chefköchin, Zutaten und ein Rezept, wenn einfach eine Milliarde davon produziert werden kann?" *Sie sehen den Sinn nicht.*

> *"Bitcoin besitzt diese elementare Natur. Es gibt uns kein Endresultat. Es gibt uns eine Palette an Zutaten und ein Rezept."*

Es ist nicht der Sinn, eine Milliarde Kopien desselben minderwertigen Produkts zu generieren. Der Sinn ist nicht, ein rotes Spritzguss-Auto aus Plastik zu produzieren, das in fünf Sekunden langweilig ist. Der Sinn ist, meine Kreativität zu entfesseln, indem ich die Werkzeuge und Elemente erhalte, um etwas Einzigartiges zu bauen.

Ich habe den Burger nicht so billig und schnell wie McDonald's produziert und mein kleines rotes Feuerwehrauto ist nicht so glatt wie die gegossene Kopie. Aber ich kann Albondigas mit roter Tomatensauce kochen. Ich kann außerdem eine

Nilpferd-Giraffe bauen. Mit einem vorfabrizierten Spielzeug funktioniert das nicht. Das funktioniert in einer McDonald's Küche nicht. Meine Kreativität ist entfesselt.

Bausteine von Bitcoin

Immer mehr Menschen realisieren, dass Bitcoin ein Rezept aus einem Set an Zutaten ist und dass unterschiedliche Rezepte verwendet werden können. Sie versuchen jetzt die Ingredienzien neu zu kombinieren.

Wir entwickeln Crowdfunding-Projekte aus der Kombination von atomaren Transaktionen, Input-gegen-Output-Summen und digitalen Signaturen. Durch die Kombination dieser Bestandteile können wir eine einzige Transaktion erzeugen, in die mehrere Personen einzahlen, die aber nur gültig wird, wenn ein Schwellenwert erreicht wird. Mit denselben Elementen sende ich eine ein Dollar Zahlung über das Bitcoin-Zahlungsnetzwerk an Sie, aber die Elemente können unterschiedlich kombiniert werden, weshalb daraus auch eine Crowdfunding-Plattform entstehen kann.

Wir kombinieren 2-von-2 Signaturen, Multisignaturen und Zeitsperren für Transaktionen zu Zahlungskanälen. Dadurch können wir Video-Streaming pro Sekunde abrechnen. Das ist ein absolut neues Rezept.

Auf diesen Zahlungskanälen bauen wir weiter auf. Wir nehmen sie und fügen einen neuen Bestandteil hinzu, Hash-Time-Locked-Contracts, mit denen wir mehrere Kanäle miteinander verbinden können. Das Ergebnis ist das Lightning-Netzwerk, ein neues Rezept, das es vorher noch nie gab.

> *"Wir versuchen die Kreativität einer ganzen Generation zu entfesseln. Wir bauen ein System, auf dem tausende Anwendungen, die Vertrauen erfordern, gebaut werden können."*

Die Banken sagen: "Euer Auto hat scharfe Kanten," "euer Burger ist zu teuer und hat länger als fünfundvierzig Sekunden gebraucht." Was sie wirklich sagen ist: "Eure Transaktionsgebühren sind zu hoch, ihr seid zu langsam und ihr könnt unmöglich skalieren." *Sie checken den Punkt nicht.* Der Punkt ist, dass wir nicht versuchen eine Milliarde Burger in fünfundvierzig Sekunden zu verkaufen; wir versuchen die Kreativität einer ganzen Generation zu entfesseln. Wir bauen ein System, auf dem tausende Anwendungen, die Vertrauen erfordern, gebaut werden können.

Fokusgruppen-Ökonomie

Sobald die Zutaten, die grundlegenden Bausteine bereitstehen, ist es völlig Ihre Sache, welches Rezept Sie verwenden. Denn, wenn die anderen diese kleinen roten Feuerwehrautos produzieren, werden sie eine ganze Fabrik bauen, die ausschließlich rote Feuerwehrautos erzeugen kann. Ich bin mir sicher, dass sie verkünden: "Unsere Statistiken sagen, dass 95% der Kinder kleine rote Feuerwehrautos wollen. Unsere Marketing-Teams und Fokusgruppen haben das getestet. Wir können Millionen davon produzieren und sie kosten nur drei Cent. Sie beinhalten bloß eine sehr geringe Menge an Bleifarbe und gifthaltige, toxische, krebserregende Kohlenwasserstoffe, kein Problem. Wir sind im Stande, sehr günstig und profitabel zu produzieren." Und: Feuerwehrautos sind das Einzige, was sie herstellen können.

Wer eine Küche wie McDonald's baut, kann alle fünfundvierzig Sekunden Burger produzieren, aber keine Albondigas herstellen. Es kann nichts anderes entstehen. Die Produktion ist auf eine und nur eine einzige Sache optimiert und so lange der Profit stimmt, ist das egal. Denn ich bin mir sicher, ihre Fokusgruppe hat das erfolgreich getestet und ist sicher, dass alle das wollen.

Das ist eine furchtbare Art, eine Ökonomie aufzubauen. Das ist eine furchtbare Art, ein Finanzsystem zu bauen. Das ist eine furchtbare Art, ein Zahlungsnetzwerk zu bauen.

Bankenprivileg und Überwachung

Im Grunde richten uns die Banken aus: "Wir haben das mit Fokusgruppen getestet. Die Menschen wollen ihre Visa Karte nicht Durchziehen, sondern über ein Lesegerät schwenken, womit sie zwei Sekunden sparen und ihren Kalorienverbrauch um mindestens vier Kalorien senken können." Meiner Meinung nach sollten wir uns um die vier Milliarden Menschen kümmern, die keinen Zugang zum Bankwesen oder sauberem Trinkwasser haben. Wir könnten uns mit der Tatsache beschäftigen, dass unsere Welt ein fragmentiertes Durcheinander ist, in der die große Mehrheit der Menschen keinen Zugang zu finanziellen Dienstleistungen hat. Oder wir können den Aufwand beim Einkaufen reduzieren und eine Magnetstreifenkarte in eine Schwebekarte verwandeln.

Wir könnten uns der Tatsache stellen, dass der Grund, warum vier Milliarden Menschen keinen Zugang zu Banken haben der ist, dass jede Partei auf jeder Seite jeder Transaktion identifiziert werden muss, um einen totalitären Überwachungsstaat aufzubauen, auf den die Stasi neidisch wäre. Damit jede finanzielle Transaktion aus jeder Ecke der Welt verfolgt werden kann. Denn wir haben uns selbst eingeredet, dass unser spießbürgerliches Sicherheitsbedürfnis nicht durch Bekämpfen der Armut oder das Ende des Bombardements anderer Länder befriedigt wird, sondern nur durch permanente Überwachung jeder einzelnen Person, die sich einen Burger kauft - nur für den Fall der Fälle.

Wir unterwerfen uns diesem Mechanismus, der sich selbst optimiert hat, wie diese Fabrik, die ausschließlich kleine rote Feuerwehrautos erzeugen kann. Dieses System liefert ausschließlich privilegierte Finanzdienstleistungen für eine kleine Elite der Weltbevölkerung. Inklusive ist totalitäre Überwachung, fest verankert in der Regulierung jedes Landes. Diese erzeugt Grenzbarrieren, die internationalen Handel verhindern. Wir haben ein Finanzsystem auf das die Regierung Druck ausüben kann, um Beziehungen zu WikiLeaks zu unterbinden, bloß weil es der Regierung nicht gefällt, aber gleichzeitig sind Spenden an den Ku-Klux-Klan erlaubt – das ist kein Scherz. Genauso ist das geschehen.

Sie haben ein System erschaffen, das nur eine Sache kann: uns versklaven. Das nur eine Sache kann: uns ärmer machen. Dieses System nimmt uns die Freiheit auf die effizienteste Art, die möglich ist, um Profite zu erzielen. Dieses System ist kaputt und es skaliert nicht. Aber wenn es das ist, was Sie tun wollen, ist es das Effizienteste, das je existiert hat.

Als Alternative dazu gibt es das verrückte kleine Bitcoin Mischmasch-System, das falsch und langsam ist und nicht skalieren kann. Es ist ineffizient und nicht so seriös und ausgefeilt wie das internationale Bankensystem. Aber es bietet Freiheit und erlaubt uns Kreativität zu entfesseln.

Vielen Dank.

Bitcoin skalieren

Bitcoin Meetup Paralelni Polis; Prag, Tschechien; März 2016

Video-Link: https://www.youtube.com/watch?v=bFOFqNKKns0

Geschichten von Skalierungen

Heute werde ich über Skalierung sprechen. Viele von Ihnen haben wahrscheinlich schon mitbekommen, dass gerade eine sehr interessante Debatte darüber geführt wird, wie man Bitcoin skalieren kann. Dieses Thema möchte ich heute nicht von der technischen, sondern aus einer allgemeineren Perspektive ansprechen, um zu verstehen, was Skalieren bedeutet.

Usenet wird das Internet zerstören

Seien Sie dabei, wir werden über eine längst vergangene Zeit sprechen.

Es war 1989 und das Internet bestand aus Einwahlverbindungen. Nicht nur die Verbindungen der Nutzenden des Internets; in den meisten Fällen war auch das Hauptnetz des Internets eine Einwahlverbindung. Zwischen Universitäten und Forschungseinrichtungen gab es ein paar permanente High-Speed Verbindungen -- 256 Kilobit, 512 Kilobit. Aber das Internet bestand hauptsächlich aus Dial-Up Verbindungen. E-Mail hatte sich noch nicht wirklich durchgesetzt, aber es gab einen speziellen Platz im Internet namens Usenet. Das Usenet war ein System von Diskussionsgruppen, in dem eine Nachricht als Text verschickt werden konnte und andere Leute konnten sie sehen und antworten.

Das war kein Instant Messaging. Das war *langsames* Messaging, denn damit das Usenet funktionieren konnte, mussten alle Nachrichten per Einwahlverfahren übertragen und mittels eines Systems namens *Teilstreckenverfahren* von Knoten zu Knoten verbreitet werden. Sie würden eine Nachricht posten und es würde zwischen vierundzwanzig und achtundvierzig Stunden dauern, bis alle erreicht sind. Dann könnten sie antworten und es würde vierundzwanzig bis achtundvierzig Stunden dauern, bis Sie ihre Antwort sehen. Heute würden wir das mit dem Versuch, mit Matt Damon auf dem Mars zu kommunizieren, vergleichen. So wie im Film *"Der Marsianer"*.

Damals gab es eine große Diskussion unter den Internet-Fachleuten, weil das Usenet immer beliebter und immer größer wurde. Kilobyte und dann Megabyte an Textinformationen mussten übertragen werden. Am Anfang benötigte man bei einer DFÜ-Verbindung etwa dreißig Minuten, um alle Usenet-Nachrichten für einen

Tag zu erhalten. Dann, als das System immer beliebter wurde, bedeuteten mehr Meldungen, mehr Daten und mehr Zeit. Bald dauerte es eine Stunde, zwei Stunden und drei Stunden. Und die Fachleute sagten das Ende voraus. Sie sagten, wenn wir heute an dieser Stelle einen Punkt setzen, einen weiteren vor sechs Monaten und die beiden durch eine Linie verbinden, sehen wir, dass es sehr bald sechsundzwanzig Stunden dauern wird, die Nachrichten eines Tages zu übermitteln und dann haben wir ein Problem, denn ein Tag hat nur vierundzwanzig Stunden.

Was passiert dann? Das Internet wird zusammenbrechen! Offensichtlich kann es nicht skaliert werden. Es wird sich niemals skalieren lassen.

Alternative Gruppen werden das Internet zerstören

Damals war das Usenet in zwei Teile geteilt. Es gab den regulären Teil von Usenet, mit sehr gewissenhaft strukturierten Gruppen für akademische Diskussionen und einen kleinen Teil des Usenets namens *Alt*, die alternativen Gruppen. Die alternativen Gruppen waren optional. Usenet-Provider konnten alternative Gruppen anbieten, mussten dies aber nicht. Die wirklich interessanten Anbieter boten die Alt-Gruppen an. Natürlich waren all die interessanten Dinge in den Alt-Gruppen: einige der frühen, faszinierenden Gruppen, waren alt.folklore.computers, alt.security und natürlich, wie überall, das was die Popularität des Internets gesteigert hat, alt.sex.

Diese optionalen, alternativen Gruppen standen im Mittelpunkt dieser großen Debatte. Sollen wir sie mittragen? In dieser Phase begannen wir nämlich, den ersten Spam der Welt zu sehen. Ich erinnere mich an die erste Spam-Nachricht, die ich erhielt. Es war eine Nachricht mehrerer Anwälte, die in jede Usenet Gruppe gepostet wurde. Das machte niemand. Das war uncool. Tausend Leute schrieben ihnen, dass es uncool war. Das war die erste Internet-Gegenreaktion.

Die Debatte war daher, wollen wir Alt-Gruppen zulassen? Denn wenn wir Alt-Gruppen betreiben, wird das Internet sicherlich zusammenbrechen und es wird niemals skalieren. Sollte das populär werden, nehmen die Gespräche zu und für mehr Gespräche werden wir nicht genügend Kapazitäten haben. Diese Debatte dauerte zwei Jahre. Es gab ein paar tapfere Diensteanbieter, die die Alt-Gruppen bei sich aufnahmen. Sie verwendeten massive Festplatten - riesige 5-MB-Festplatten. Natürlich war auch hier der Grundgedanke: wenn wir uns von hier nach da entwickeln, werden wir an eine Grenze erreichen.

"Wenn wir Alt-Gruppen betreiben, wird das Internet sicherlich zusammenbrechen und es wird niemals skalieren."

Das Internet konnte also nicht skaliert werden. Das war der Anfang des Skalierungsproblems im Internet. Es konnte und würde klarerweise niemals skalieren. Viele Leute schrieben ihre Doktorarbeiten über die Gründe, warum es sich nicht skalieren ließ.

Denn logisch, Netzwerke skalieren nicht. Netzwerke scheitern an der Skalierung. Manche Netzwerke scheitern jahrzehntelang daran elegant zu skalieren und trotzdem sind dies letztlich die erfolgreichen.

> *"Manche Netzwerke scheitern jahrzehntelang daran elegant zu skalieren und trotzdem sind dies letztlich die erfolgreichen."*

Schließlich lösten wir das Usenet Problem. Digitale Verbindungen wurden modernisiert, zusätzliche Systeme mit Standleitungen und Direktverbindungen ausgebaut. Das Einwahlverfahren wurde schrittweise durch Standleitungen ersetzt. Menschen begannen in die Infrastruktur zu investieren und das Usenet konnte mühelos betrieben werden. Dann begannen die Menschen, E-Mail zu nutzen. Und das Problem mit der Skalierung kam zurück.

E-Mail und E-Mail Anhänge werden das Internet zerstören

Als E-Mail populär wurde, ersetzte und verdrängte es das Usenet in Sachen Größe. Jetzt hatten wir ein noch größeres Problem, denn die Menschen wollten direkt miteinander kommunizieren. Eine Nachricht über das Internet zuzustellen, dauerte nicht mehr vierundzwanzig, sondern nur mehr zwei Stunden, die Menschen begannen Echtzeitgespräche zu führen. Naja, nicht ganz. Die E-Mail Nutzung explodierte. Und wieder: das Internet kann nicht skalieren. Sieht man sich an, wo E-Mail heute steht und wo die Nutzung vor sechs Monaten war und zieht eine Linie, dann ist klar, es kann nicht skalieren. Das Internet wird zusammenbrechen. Es wurden noch mehr Doktorarbeiten über das Problem der Skalierbarkeit unter der Last der E-Mail Nutzung verfasst.

Schrittweise optimierten wir. Wir lösten das E-Mail Problem. Und wenn ich sage "wir", dann heisst das, dass ich das als Sechzehnjähriger nur beobachtet habe, ich hatte keine Ahnung, was vor sich ging. Wir als Gemeinschaft, die Menschheit, wir lösten das Problem. Wir skalierten es. Das Internet scheiterte an der Skalierung von Usenet und es skalierte erfolgreich, damit es im Anschluss an der Skalierung für E-

Mail scheitert. Dann gelang die Skalierung für E-Mail und irgendein kluger Kopf erfand MIME, Multimedia Internet Nachrichten, womit es möglich wurde, E-Mails mit Anhängen zu versenden. Diese Anhänge waren zehnmal größer als Text, weil die Leute begannen größere Dinge wie Zeichnungen, Bilder und natürlich wieder sexuelle Inhalte zu senden.

Also wir konnten das Internet skalieren, um E-Mail zu nutzen, aber keine Anhänge. Es herrschte große Aufregung: "Wir werden nie für E-Mail Anhänge skalieren können. Das Internet wird ganz sicher zusammenbrechen!" Dann lösten wir es. Bis irgendein Brite, Sir Tim Berners Lee (der damals nur Tim war), das Web erfunden hat. Jetzt konnten wir unsere Bilder im Internet zeigen.

Das Web wird das Internet zerstören

Im Jahr 1992 etwa lud ich in meinem Universitätslabor den ersten Webbrowser, NSCA Mosaic, auf den Rechner und installierte ihn. Drei oder vier Freunde kamen zusammen. Wir arbeiteten stundenlang daran, den Browser herunterzuladen, zu kompilieren und zu installieren. Dann starteten wir ihn und besuchten das Web. Das gesamte Web. Ich kann etwas sagen, was nur wenige Menschen von sich behaupten können: ich besuchte 1992 das gesamte Web an einem Nachmittag. Beide Seiten. Denn es gab nur zwei. Ich sah beide Seiten und dachte, Oh, du liebe Zeit. Das wird gigantisch werden! Und stell *dir vor, was alles mit sexuelllen Inhalten im Web gemacht werden könnte!*' Wie wir alle wissen, war genau das *die* Skalierungsanwendung. Sex hat von Beginn an das Wachstum des Internets vorangetrieben, aber darüber sprechen wir höflicherweise nicht in Gesellschaft.

> *"Ich kann etwas sagen, was nur wenige Menschen von sich behaupten können: ich besuchte 1992 das gesamte Web an einem Nachmittag. Beide Seiten. Denn es gab nur zwei. Ich sah beide Seiten und dachte, Oh, du liebe Zeit. Das wird gigantisch werden! Das Internet wird nie skalieren."*

Das Internet scheiterte an der Skalierung für das Web. Die Leute sagten: "Wir können niemals all diese Bilder und Hypertext-Dokumente übertragen. Es wird total versagen." Und noch mehr Doktorarbeiten wurden geschrieben und noch mehr Diskussionen geführt. Das Internet scheiterte immer noch an der Skalierung. Aber es scheiterte nun schon seit einem Jahrzehnt und das sehr elegant und erfolgreich.

VOIP wird das Internet zerstören

Dann erfand jemand Voice Over IP. Manch andere Leute entschieden, warum ersetzen wir nicht einfach das komplette Telefonnetz mit dem Internet? Das war eine verrückte Idee. Die Telefongesellschaften starteten eine massive Kampagne, um uns darüber zu informieren, warum paketvermittelnde Netzwerke niemals Sprache übertragen könnten. Sie sagten ernsthaft, um dem Qualitätsanspruch bei Sprachnachrichten gerecht zu werden, seien immer hierarchische Wählnetze von staatlichen, monopolistischen Telekom-Unternehmen notwendig, denn das Internet kann unmöglich skalieren, um alle Telefongespräche der Welt zu vermitteln.

Dieselben Telekom-Unternehmen (diejenigen, die es heute noch gibt) leiten jetzt alle ihre Telefongespräche über das Internet. Zu Beginn wollten sie das Internet nicht in ihren Telefonnetzen. Dann erlaubten sie das Internet in ihren Netzen. Danach bauten sie ihre Telefonnetze auf dem Internet.

"Zu Beginn wollten sie das Internet nicht in ihren Telefonnetzen. Dann erlaubten sie das Internet in ihren Netzen. Danach bauten sie ihre Telefonnetze auf dem Internet."

Katzenvideos werden das Internet zerstören

Dann begannen wir Videos zu senden. Und dann konnte das Internet wieder nicht skalieren, weil YouTube das Internet zum Zusammenbruch bringen würde. Klar! Wir brauchen Filter und inhaltliche Qualität, es kann nicht sein, dass jeder Idiot ein Video über seine Katze veröffentlicht. Sie sagten: "Es gibt bereits tausend Katzenvideos. Wenn wir eine Linie ziehen, von der Anzahl der Katzenvideos gestern, zu der Anzahl heute und wenn wir das hochrechnen, wird es bis zum Ende dieses Jahrzehnts eine Milliarde Katzenvideos im Internet geben!" Und genau das ist passiert.

Und doch: wir haben skaliert. Jetzt laufen 3D-Videos und 4K-Videos.

Netflix wird das Internet zerstören

Bei der Entstehung von Netflix geschah dasselbe. Als ich 1992 die erste Webseite besuchte, dachte ich, Wow, das Fernsehen ist sowas von tot, denn eines Tages werden wir in Echtzeit Filme übertragen. Wenn Sie das 1992 zu einem respektierten

Netzwerk-Forscher gesagt hätten, wäre die Antwort gewesen, dass das idiotisch sei. Denn klar, 1992 hätte ein einzelner Videostream, einer einzigen Person, das gesamte Internet lahmgelegt. Trotzdem funktioniert das heute. Aber auch jetzt wird das Internet für Netflix und all die anderen Unternehmen, die live Videos machen, nicht skalieren können. Es wird weiterhin dabei versagen, schrittweise und elegant zu skalieren. Bald wird es Oculus Rift holographisches 3D, 4K, VR geben. Dann wird es wirklich scheitern. Menschen werden weiterhin Doktorarbeiten über das Zusammenbrechen des Internets verfassen.

Skalierung ist ein bewegliches Ziel

Skalierung ist ein bewegliches Ziel. Der Grund dafür ist ganz einfach: Größe ist kein Ziel; es ist eine Definition dessen, was heute mit dem Netzwerk möglich ist. Ab dem Moment der Kapazitätserhöhung, der Definition des heute im Netzwerk Möglichen, findet sich jemand und sagt: "Moment. Ihr meint, ich kann jetzt *X* machen, das zehnmal mehr Bedarf hat als das was ich vorher getan habe? Ok, lasst uns das machen." Dann scheitert die Skalierung wieder. Skalierung ist ein bewegliches Ziel. Die Skalierbarkeit definiert die Grenzen der heutigen Einsatzmöglichkeiten. Mit zunehmender Entwicklung steigt die Kapazität.

> *"Skalierung ist ein bewegliches Ziel. Die Skalierbarkeit definiert die Grenzen der heutigen Einsatzmöglichkeiten. Mit zunehmender Entwicklung steigt die Kapazität."*

Bitcoin versagt bei der Skalierung. Wenn wir wirklich Glück haben, wird Bitcoin fünfundzwanzig Jahre lang nicht in der Lage sein, elegant zu skalieren, genau wie das Internet. Genau die gleichen Arten von Firmen, die damals sagten, das Internet könnte all die E-Mails und Videos niemals tragen, könnte nie die gleiche Sprachqualität aufweisen, liefern nun die gleichen Argumente, wieso Bitcoin niemals Massenzahlungen unterstützen wird, niemals die Größe von Visa erreichen kann und falls es sich durchsetzt, dass es zusammenbrechen wird. Im Moment schreibt ein Dutzend Leute ihre Doktorarbeiten über das Scheitern von Bitcoin, dass es stirbt, bereits tot war und wieder sterben wird.

"Bitcoin versagt bei der Skalierung. Wenn wir wirklich Glück haben, wird Bitcoin fünfundzwanzig Jahre lang nicht in der Lage sein, elegant zu skalieren, genau wie das Internet. "

Es gibt eine wundervolle Webseite namens bitcoinobituaries.com, auf der die Verkündigungen des Todes von Bitcoin seit 2009 nachgelesen werden können -- regelmäßig, wie ein Uhrwerk, alle sechs Monate schreiben die wichtigsten Zeitungen, Wissenschaftler, usw.: "Das war es. Bitcoin ist tot." Tatsächlich ist dies inzwischen zu einer tollen Gelegenheit geworden, Leute für Bitcoin zu interessieren. Wir müssen nur warten bis die Leute mitbekommen, dass Bitcoin tot ist, dass der Erfinder von Bitcoin verhaftet oder Bitcoin von Putin gesperrt wurde. Vier Monate später schreibt irgendjemand: "Wissen Sie, es gibt ganz spannende Anwendungen bei Bitcoin." Und sie fragen, "Bitcoin gibt es noch?"

"Bitcoin gibt es noch", ist der Marketing Slogan dieser Community. Wenn wir einfach mit diesem "Bitcoin ist immer noch da" weitermachen, sind die Leute überrascht, sie sind verblüfft. Es entspricht nicht ihren Erwartungen. Es ist nicht möglich, dass Bitcoin immer noch da ist, denn sehr seriöse Leute mit sehr ernstzunehmenden Titeln, die für sehr reiche Unternehmen arbeiten, sagten ihnen, Bitcoin wird nicht mehr da sein. Aber Bitcoin ist immer noch da, weil wir elegant daran scheitern, zu skalieren.

Gebührenoptimierung und Skalierung

Wenn wir während eines Stresstests oder eines Kapazitätstests versagen zu skalieren und das Netzwerk ist mit Transaktionen überschwemmt, was passiert? Einige Benutzer erleben eine erschreckende Situation. Sie senden, so wie immer, eine Transaktion mit 0,1 Millibit Gebühr und die Bestätigung dauert drei Tage. Während dieser Zeit flippen sie aus, besonders wenn sie neue Benutzer sind. Bitcoin Neulinge nehmen an, das Geld habe ihre Konten verlassen (es gibt keine Konten bei Bitcoin), wäre unterwegs zum Zielkonto (nochmal, es gibt keine Konten bei Bitcoin) und muss daher irgendwo dazwischen in der Schwebe sein. Das Geld ist immer noch nicht in ihre Konten; dabei sagt aber nur ihre Wallet, dass die Transaktion noch nicht bestätigt ist. Die Transaktion ist entweder an der Quelle oder am Ziel, atom genau. Es gibt keinen Zwischenzustand. Sie kann sich nicht in der Schwebe befinden, denn Bitcoin übermittelt nicht, es verrechnet.

Bei diesen unerwarteten Problemen verhalten sich einige Wallets intelligent und erhöhen ihre Gebühren, manchmal um 100%. Das bedeutet, anstatt der vier Cent, die fällig werden für eine internationale Transaktion, die in Sekunden den ganzen Erdball erreicht, absolut unzensurierbar und eine offene Innovation mit offenem Zugang für alle ist, müssen nun acht Cent bezahlt werden! Das und die Tatsache, dass ein paar Leute drei Tage bis zur Bestätigung ihrer Transaktion warten mussten, ist eindeutig ein Zeichen für Bitcoins sicheren Tod. Und manch Entwicklerin und Programmierer sagen, "Oh, ich gebe auf. Bitcoin ist tot." Die Zeitungen melden, "Bitcoin ist tot. Transaktionen können nicht durchgeführt werden."

Transaktionen *werden* durchgeführt. Bei mir gingen sie durch. Ich verwendete eine intelligente Wallet; eine, die selbsttätig die Transaktionsgebühren berechnet. Was passiert nach so einer Kapazitätskrise? Wir bekommen bessere Wallets.

Das ist wirklich die Kernfunktion eines dynamischen Systems, das auf Druck reagieren kann, denn wenn wir bessere Wallets bekommen, berechnen diese besseren Wallets die Gebühren genauer. Es ist viel einfacher das Netzwerk durch eine Menge dummer Wallets, die 0,1 Millibit Gebühren verwenden, zu verstopfen. Aber dann ist es total einfach mit nur 0,11 Millibit Gebühren der Star zu sein. Die anderen Idioten haben ihre Wallets nicht aktualisiert und verstopfen das Netzwerk mit ihren Transaktionen. Aber wenn sie 0,12 Millibit einstellen können, müssen Sie nun 0,13 verwenden. Jetzt befinden wir uns in einem Rennen und bevor Sie es realisieren, zahlen Sie 0,5 Millibit für eine Transaktion, was für Sie als seriöse Nutzerin, nichts ist. Wenn Sie allerdings versuchen, das Netzwerk zu verstopfen, dann wird es sehr schnell, wirklich teuer.

Spam-Transaktionen, rechtmäßige und unrechtmäßige Transaktionen

Das wirft eine interessante Frage auf: was ist eine Spam-Transaktion? Was ist eine rechtmäßige Transaktion? Was eine unrechtmäßige Transaktion? Es gibt zwei Wege, darauf zu reagieren. Das eine ist ein paternalistischer, von oben nach unten Ansatz, der bestimmt, was erlaubt und was nicht erlaubt ist. Durch die Erstellung einer Liste verhindern wir die Verstopfung des Netzwerks. Aber das zerstört die grundlegende Eigenschaft von Bitcoin, nämlich die Netzneutralität. Bitcoin kümmert sich nicht darum, wer Senderin oder Empfänger ist, welche Anwendung verwendet wird und wie hoch der Transaktionsbetrag ist. Das einzig Wichtige ist, wurde die Gebühr bezahlt? Haben Sie die Gebühr bezahlt, ist die Transaktion definitionsgemäß rechtmäßig, denn Sie hielten sie für legitim genug, um eine Gebühr dafür zu bezahlen. Der Akt des Zahlens der Transaktionsgebühr alleine, legitimiert die Transaktion. Wenn wir anfangen, Entscheidungen darüber zu treffen, was Spam ist und was nicht, entscheiden wir jetzt die Zukunft von Bitcoin und beschränken es auf eine Reihe von Anwendungen, die wir uns vorstellen können. Die Erfindung einer brillanten Person, zum Beispiel, eine für uns momentan nicht vorstellbare Anwendung, die aussieht wie Spam, könnte daran scheitern, weil wir die top-down Entscheidung getroffen haben, dass derartige Transaktionen nicht zulässig sind.

> *"Der Akt des Zahlens der Transaktionsgebühr alleine, legitimiert die Transaktion. Wenn wir anfangen, Entscheidungen darüber zu treffen, was Spam ist und was nicht, entscheiden wir jetzt die Zukunft von Bitcoin und beschränken es auf eine Reihe von Anwendungen, die wir uns vorstellen können."*

Der zweite Weg, das Problem zu lösen ist, einen Markt dafür zu schaffen. Es gibt bereits einen Markt. Es gibt eine Währung. Nutzen wir den Markt, um das Problem zu lösen: erlauben wir dem Markt, die minimale Gebühr zu finden, die den Anforderungen der Miner, um ihre Blöcke rasch zu verbreiten sowie dem Bedarf der Nutzer für jene Anwendungen, die ihnen wichtig sind, entspricht. Jede Transaktion, deren Gebühr bezahlt wird, ist legitim. Es gibt keine Spam-Transaktionen. Es gibt so etwas wie eine unrechtmäßige Transaktion nicht. Es existieren einzig Transaktionen, die gemined wurden und solche, die nicht genug Gebühr enthielten, um gemined zu werden.

Jahrzehnte des Scheiterns bei Skalierung

So wird sich Bitcoin entwickeln. Das wird sich nicht lösen lassen. Wir werden die Skalierungsdebatte jedes einzelne Jahr in den kommenden Jahrzehnten führen. Hoffentlich. Jedes Jahr werden wir scheitern, für eine neue Anwendung zu skalieren, gleichzeitig skalieren wir die vorherigen erfolgreich. Sobald wir es hinbekommen, werden Menschen neue Anwendungen erfinden, an denen die Skalierung wieder scheitern wird.

"Jedes Jahr werden wir scheitern, für eine neue Anwendung zu skalieren, gleichzeitig skalieren wir die vorherigen erfolgreich."

Das Internet: scheitert seit fünfundzwanzig Jahren elegant an der Skalierung. Bitcoin: lasst uns weiterhin elegant am Skalieren scheitern. Bitcoin ist immer noch nicht tot.

Vielen Dank.

Eine Nachricht von Andreas

Bitte um Rezensionen

Danke nochmal für das Lesen dieses Buches. Ich hoffe, es hat Ihnen genauso gefallen wie mir das Produzieren. Wenn es Ihnen gefallen hat, besuchen Sie bitte die Seite des Buches auf Amazon oder wo auch immer Sie es gekauft haben und hinterlassen Sie eine Rezension. Dadurch wird das Buch in den Suchergebnissen sichtbarer und erreicht mehr Menschen, die vielleicht zum ersten Mal von Bitcoin hören. Ihr ehrliches Feedback hilft mir auch mein nächstes Buch noch besser zu machen.

Vielen Dank

Ich möchte an dieser Stelle der Community danken, die meine Arbeit unterstützt. Viele von Ihnen teilen meine Arbeit im Freundeskreis, mit der Familie oder dem Team in der Arbeit; sie besuchen meine Vorträge und reisen teilweise von sehr weit an; und ich danke jenen, denen es möglich ist, mich auf Patreon zu unterstützen. **Ohne Sie könnte ich diese wichtige Arbeit nicht leisten, die Arbeit, die ich liebe. Ich bin für immer dankbar.**

Danke!

Anhang A. Video Links

Jedes Kapitel dieses Bandes basiert auf Vorträgen, die Andreas M. Antonopoulos auf Konferenzen und MeetUps auf der ganzen Welt gehalten hat. Die meisten Reden wurden vor einem allgemeinen Publikum gehalten, einige vor einem begrenzten Publikum (wie Studierende) oder zu einem bestimmten Zweck.

Andreas ist bekannt dafür, dass er während seiner Präsentationen das Publikum mit einbindet. Ein Großteil der Interaktion mit dem Publikum wurde notwendigerweise aus dem Text entfernt. Sehen Sie sich die Original-Videos an, um eine Vorstellung von diesen Veranstaltungen zu bekommen. Alle Videos und vieles mehr sind auf Andreas' YouTube-Kanal — aantonop verfügbar. https://www.youtube.com/user/aantonop.

Nachfolgend finden Sie eine Liste der in diesem Text enthaltenen Vorträge sowie die Orte, Daten und Links zum Original-Video.

What Is Bitcoin?

> Disrupt, Start-up, Scale-up Conference; Athen, Griechenland; November 2013; https://www.youtube.com/watch?v=LA9A1RyXv9s

Peer-to-Peer Money

> Reinvent Money Conference in der Erasmus University; Rotterdam, Niederlande; September 2015; https://www.youtube.com/watch?v=n-EpKQ6xIJs

Privacy, Identity, Surveillance and Money

> Barcelona Bitcoin Meetup im FabLab; Barcelona, Spanien; März 2016; https://www.youtube.com/watch?v=Vcvl5piGlYg

Innovators, Disruptors, Misfits, and Bitcoin

> Maker Faire im Henry Ford Museum, Detroit Michigan; Juli 2014; https://www.youtube.com/watch?v=LeclUjKm408

Dumb Networks, Innovation, and the Festival of the Commons

> O'Reilly Radar Summit am Navy Pier; San Francisco, Kalifornien; Jänner 2015; https://www.youtube.com/watch?v=x8FCRZ0BUCw

Infrastructure Inversion

> Zurich Bitcoin Meetup; Zürich, Schweiz; März 2016; https://www.youtube.com/watch?v=5ca70mCCf2M

Currency as a Language

Keynote at the Bitcoin Expo 2014; Toronto, Ontario, Kanada; April 2014; https://www.youtube.com/watch?v=jw28y81s7Wo

Bitcoin Design Principles

Harvard Innovation Lab for an IDEO Workshop; Boston, Massachusetts; Juni 2015; https://www.youtube.com/watch?v=Ur037LYsb8M

Money as a Content Type

Bitcoin South Conference; Queenstown, Neuseeland; November 2014; https://www.youtube.com/watch?v=6vFgBGdmDgs

Elements of Trust: Unleashing Creativity

Blockchain Meetup; Berlin, Deutschland; März 2016; https://www.youtube.com/watch?v=uLpSM3HWU6U

Scaling Bitcoin

Bitcoin Meetup at Paralelni Polis; Prag, Tschechien; März 2016; https://www.youtube.com/watch?v=bFOFqNKKns0

Index

K

L

M

N

O

P

Q

R

S

T

U

V

W

Z

Printed in Poland
by Amazon Fulfillment
Poland Sp. z o.o., Wrocław

87006596R00094